荒くれ漁師をたばねる力

ド素人だった24歳の専業主婦が業界に革命を起こした話

萩大島船団丸代表
坪内知佳

朝日新聞出版

まえがき

２０１０年12月、私は山口県萩市の古ぼけた四畳半にいた。

狭苦しい塗り壁の部屋にあるのは、生活必需品のほかにはパソコンとプリンター1台だけ。私は食い入るようにパソコンの画面を見つめタイプしていた。隣には3歳になる子どもがいる。

初めて萩の町を見たのは、私が大学1年生のときだった。山口宇部《うべ》空港から日本海側に抜ける国道は中国山地を貫いて、山また山の中を走り続けて1時間あまり、視界は急にふわっと開ける。

眼下には淡いグレーの市街地、その向こうにキラキラ光る日本海が広がって見えた。

町の上にはどこまでも続く青い空がある。

（この町には長く暮らすことになるかも）

そんな予感がしたのを、いまでもはっきり思い出す。

大学を中退し萩で結婚。専業主婦となった。そして離婚を経て4年後、私はシングルマザーになっていた。家賃2万3000円、冬には凍って水が出なくなるようなこの狭い部屋で、幼い子どもと2人きりの暮らしだった。

大学中退、離婚、シングルマザー……。

傍《はた》から見たら、こんな私は絶望的な状況に見えるかもしれない。

しかし、このときの私は、これから切り開いていく未来への野望で満ち満ちていた。

私が夢中になってパソコンで作成していたのは「総合化事業計画書」と銘打った一つの書類である。

当時24歳だった私は、沖に浮かぶ小さな島の漁師たちとともに、大きな革命を起こそうとしていた。

「えーい、もういい。小娘は黙っとけ。わしらはお前につきあってれんけ、もうやめるぞ」

そう言うと、漁師を率いる船団長の長岡秀洋《ながおかひでひろ》がいきなり立ち上がって、その場から出

ていこうとした。思わず、

「ちょっと、待てや」

彼が着ていたウインドブレーカーを思い切り引っ張ると、ビリッ！と派手な音。ウインドブレーカーはちぎれていた。

次の瞬間、

「ふざけんな‼」

船団長のこぶしが私のほうに飛んできたのである。彼なりに手加減をしてくれたのだろうが、私はそうはいかない。

「やったな！」

負けじと船団長を殴り返そうとすると、彼のメガネがスコーンと飛んで地面に落ち、大きく曲がった。

船団長はその場でこぶしを握りしめ、ぶるぶる震えながら仁王立ちになっている。

鬼の形相《ぎょうそう》で立ちつくす大の男。でも顔からはメガネがなくなり、ウインドブレーカーは破けて、はたはた風にあおられている。

その姿があまりに可愛げたっぷりでおかしかったので、怒りもどこかに吹き飛んでしまった。

「プッ」と笑いだしている私と、憮然《ぶぜん》とする船団長。

「とりあえず新しいウインドブレーカーとメガネ、買ってあげるけぇ。いまから買いに行こうや」

そう言って猛獣をなだめるように静かに近づくと、彼も一気に緊張がとけたのか、顔がゆるんで、

「……おおう」

と子どものように口をとんがらせて、うなずいた。

口べたで気性が荒いと思われがちな漁師たちだが、実は、根は優しくまっすぐな心の持ち主だ。

彼らとは数えきれないほど喧嘩《けんか》をし、ときにはとっくみ合いもした。

けれども最終的に仲直りできる理由はただ一つ。

私と彼らが、〝ある夢〟を共有しているからだ。

島の未来のために、日本の水産業のために、地方創生のために、どんな困難があっても立ち向かってみせる。その純粋な思いが私と漁師たちを一つにしている。

これは、日本のすみっこで必死に生きる漁師たちと、彼らと偶然めぐりあって事業を手伝うことになった私の挑戦の物語である。

山口県萩市にある大島（通称「萩大島」）

荒くれ漁師をたばねる力

目次

第2章　荒くれ者たちとの戦い

第4章 心をたばねる

コラム③　荒くれ漁師の本音

第5章　強く、熱い風になる

第6章　命を輝かせて働くということ

ブックデザイン　ソウルデザイン
写真　馬場岳人（朝日新聞出版写真部）
編集協力　辻　由美子

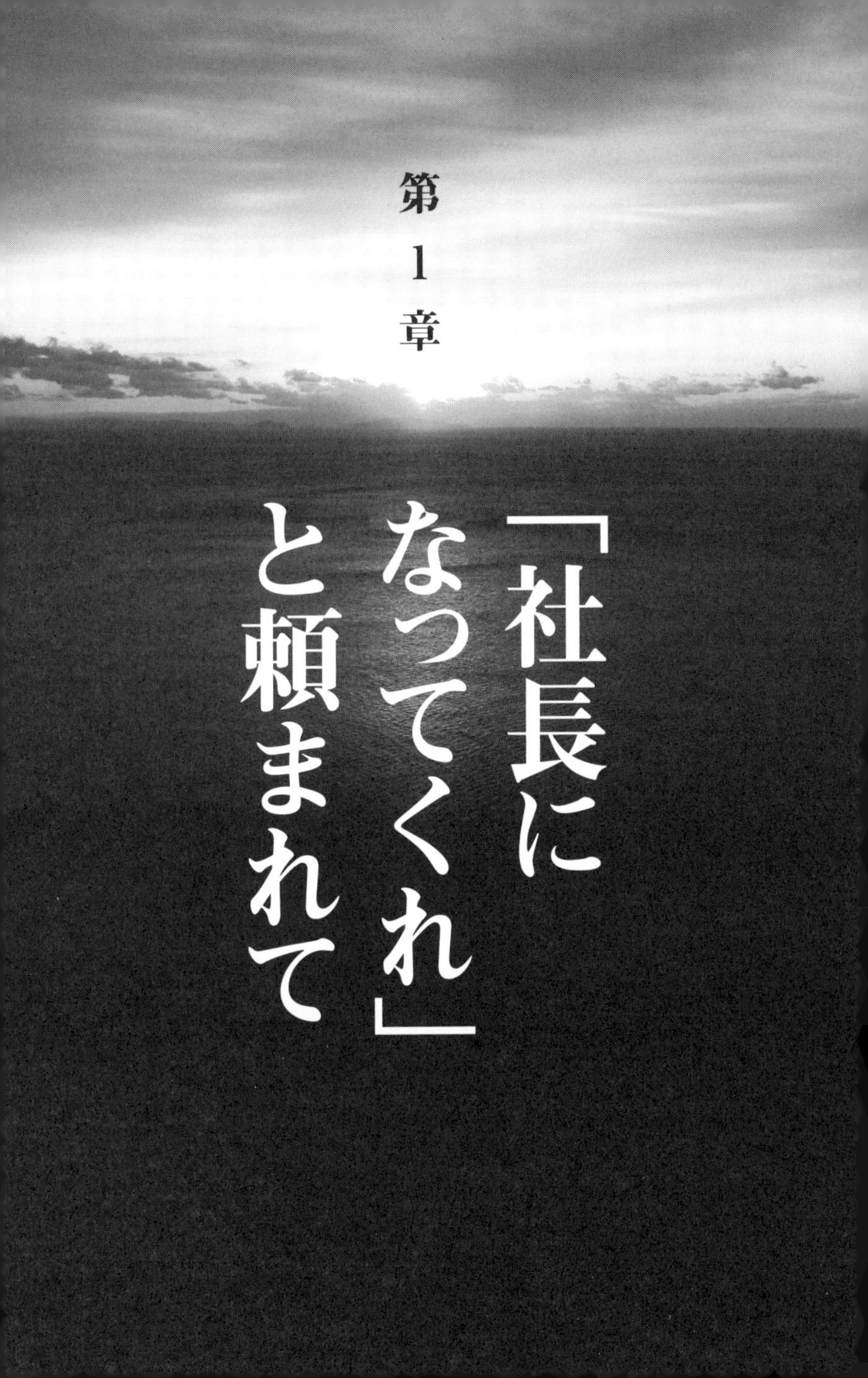

第1章

「社長になってくれ」と頼まれて

小さな島の漁師との出会い

「歳、いくつ？　萩の子やないね」

座敷にいた男が突然、声をかけてきた。忘年会シーズンまっ盛りの宴会場で、私はコンサルタントとして仲居さんたちの助っ人に入っていたのである。

（ナンパかな？　絡まれると面倒くさいな）

一瞬戸惑いながら、日に焼けた男の顔をまじまじと見つめ返すと、

「ねえちゃんは英語ができるだって？　俺もしゃべれるよ。『This is a pen!』」

筋骨たくましい男は、そう言って豪快に笑った。どうやら見たところ悪い人ではなさそうである。

とりあえず、愛想笑いだけ返した。

「萩大島船団丸」の現・船団長、長岡秀洋との出会いはそんなふうにして始まった。

当時、私は23歳。萩に住む人と結婚し、男の子を産んだものの、その後2年半で夫と

は別居。幼子を抱えて自立すべく、悪戦苦闘しているまっ最中だった。

長岡と出会ったのは、２００９年12月のこと。旅館の宴会場だった。

留学経験があって英語が得意な私は、観光協会から翻訳の仕事を頼まれたことがあった。そのご縁で、旅館の仲居さんたちの指導と繁忙期の手伝いをすることになったのである。

名古屋の外国語大学を中退していた私は、萩で翻訳や企画の仕事で自活することを考えていた。小さい子どもを育てていくためにも、時間の融通のきく自営業で、かつ得意な語学で当座の生活費を稼ごうとしていたのである。

そんな矢先、宴会場で仲居さんたちを指導している最中に出会ったのが、長岡だった。

長岡に声をかけられたあと、偶然にも私は連続して長岡がいる座敷に顔を出すことになった。

これも何かの縁と思い、私は長岡に自分の名刺を渡すことにした。

「本州の萩で翻訳とかいろんなことをやっているんで、何かあったら、遠慮なく声かけてください」

「ふーん、そうなん。ほかにも何かしよるそ（してるの）?」

興味津々である。

「いまは子どもも小さいので、家でデータ処理や企画の仕事を引き受けています」

「ふ～ん」

と私の名刺をしばらくじろじろ眺めると、

「なんかあったら声かけるけぇ」

その場限りの言葉で終わるのが常であろうが、その後長岡は、漁師仲間などいろいろな人を紹介してくれただけでなく、名刺のレイアウトや事務の仕事を回してくれるようになった。

なぜ漁師に名刺がいるのかと、このときは彼らの注文を不思議に思ったものの、もらえる仕事はもちろんありがたい。こうして漁師たちとの関わりが少しずつ始まっていった。

「とてつもないこと」の予感

年が明け、2010年の1月を迎えた。ある日の朝、子どもを保育園に送り届けて家に戻ると、9時に私の携帯が鳴った。着信を見ると、相手は長岡である。

「ちょっと来てくれる?」

何だろうと思いながら、指定された喫茶店に向かうと、そこで待っていたのは長岡と、萩大島で巻き網漁を行う2船団の社長2人だった。

巻き網漁は7~8隻の船が船団を組んで行う。長岡は萩大島の松原水産という船団の漁労長である。漁労長とは漁の指揮を執る現場監督のようなもので、その日漁を行う場所、時刻、人選、すべてを取り仕切る親方的な存在である。

長岡のような漁労長は組織的には社長の部下といえるが、漁師たちの親分でもあるので、社長からも一目置かれる存在なのである。

長岡は自分が所属する松原水産の松原一樹社長の代わりに、ここに来ていた。口火を切ったのは、長岡だった。

「ここらの海は魚が獲《と》れんくなってきよるけぇ。漁業だけじゃ将来どうなるか、お先真っ暗なんよ。魚を獲るだけじゃなくて、何かやりたいんやけど、どうしていいかわからんのよ」

私はさらに耳を傾ける。

「和歌山まで視察に行って、直販とかを漁協に提案したけど、あれもダメ、これもダメって言われて、話が全然進まん」

長岡たちが住んでいたのは、山口県萩市の沖合8キロにある島「大島」（通称「萩大島」）というところだ。

人間以外にはウミネコと猫と犬しかいない小さな島である。人口約700人、300世帯のうち半分以上が漁業にたずさわるという漁師の島にとって、日本の水産業の衰退は、自分たちの生活に直結する死活問題だ。

海に漁に出ても、いままでのようには魚は獲れなくなり、さらに魚を食べる人が減って、魚は安値でしか売れなくなってしまったという。それなのに船を動かす燃油費だけはどんどん高騰していく。資材費もかさむうえ、跡を継いでくれる人もいない。

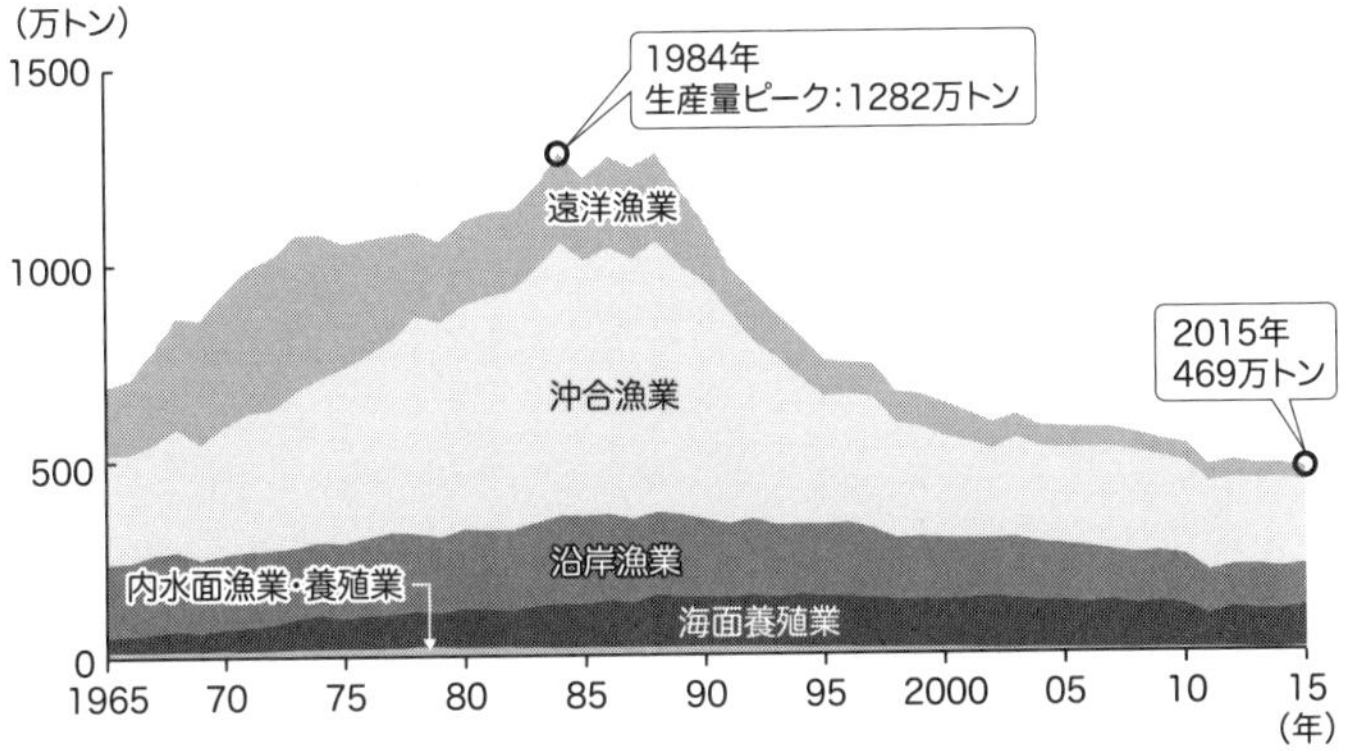

漁業・養殖業の国内生産量の推移。2015年には、生産量はピーク時の半分以下にまで落ち込んでいる。とくに巻き網漁など、沖合漁業の減少が顕著だ(出典:水産庁「平成28年度水産の動向」)

「本当に何かやらないと、これからわしら、漁業だけじゃ食えんようになると思うんじゃ。あんた、ものを考えたり、パソコン得意やろ。俺らの未来を考える仕事、手伝ってくれんか?」

後にわかったことだが、当初は彼ら自身で直販などの営業活動を行おうとしたという。私に頼んできた名刺も、そのためのものだった。

しかし、ビジネスマナーや交渉の基本すら知らなかったためトラブルが絶えなかったという。そんなときに現れたのが、私だった。

彼らは、インターネットはおろか、パソコンをつなげることもできないというが、それでも「萩の海はこのままじゃいけない」という強い意志だけは感じる。

最初は戸惑っていた私も、その純粋なエネルギーに、次第に惹かれるものを感じ始めていた。

——海、船、そして魚がいなくなったら、生きていけない。俺たちはこのまま手をこまぬいていて、いいのだろうか。

彼らは日に日に大きくなっていく不安に、押しつぶされそうだったのである。

一方の私も、大学を中退したうえ結婚にも失敗し、人生の道に迷いかかっていた。

私の人生はこのままでいいのか？

子どもの未来は？

自分は、どんな大人になりたかったか？

子どものために、自分はどんな背中を見せられるだろうか——。

いま思えば、そんな葛藤を抱えた私たちが、運命的に出会った瞬間だったように思う。

キラキラした何かが、目の前に舞い降りてきた気がした。

「わかりました。で、何をやればいいんですか？」

身を乗り出すと、社長たちと長岡がそれぞれポケットから1万円ずつ出したかと思うと、机の上にバンと置いた。

「とりあえず月3万やるけぇ、これで新しくできることを考えてや。業績がよくなってきたら、もうちょっと払うけぇ」

「は、はあ……」

「じゃ、あとはよろしく！」

丸投げである。

しかし、雲をつかむような話とはいえ、何だかワクワクする。とてつもないことが始まりそうという予感だった。

この人たちは、怖いもの知らずの無垢《むく》で純粋なエネルギーを持っている。そして本気で島の漁業を変えようと思っている。

この人たちといれば、私でも生きた何かが残せるかもしれない。お金も知識もないけれど、いままで感じたことのないエネルギーがふつふつと体の底から湧いてくる。

（1ミリでも未来を良くする何かが作れたら、この世に生まれた意味があるといえるの

かな。彼らとなら、できるかもしれない）

私は、萩の漁師たちの提案に、無限のロマンと可能性を感じていた。

ド素人が事業計画書を作る⁉

長岡たちと会ってすぐ、農林水産省が「六次産業化・地産地消法」に基づく認定事業者申請を受け付けるという情報が入ってきた。6次産業化とは生産者が生産だけでなく、製造・加工（第2次産業）や流通・販売（第3次産業）まで一貫して自らの手で行い、所得を上げようという施策だ（なお「6次産業」の意味は1次産業×2次産業×3次産業＝1×2×3、あるいは1＋2＋3で「6次」という意味だ）。

たとえば生産者が価格決定権を持ち、消費者と直接取引することで、生産物をより高い値段で売り、利益を上げていくのが「6次産業化」のわかりやすいビジネスモデルといえる。萩大島の漁師たちが目指していた自家出荷も、漁業の6次産業化なのである。

国の認定事業者になれば、経験も知識もない私たちでも対外的な信用度は増すはずだと考えた。

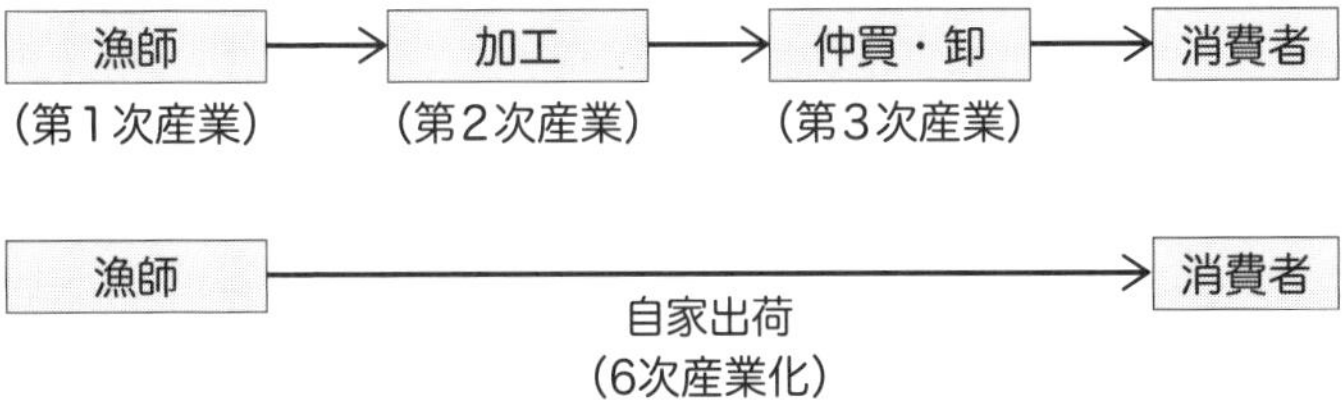

漁師が消費者に直接獲れた魚を届ける仕組み（自家出荷）。中間業者をパスすることで、自由な値付けや、それに伴う高付加価値化が実現できる

「あんた、その事業計画書とやらを書いてくれんかの」

長岡からの依頼で、私はさっそく事業計画書の作成にとりかかった。もちろん私に事業計画書を書いた経験などない。

子どもと２人の狭い四畳半の部屋で、私は見よう見まねで、いまから見ればまるでお遊びのような計画書を夢中になって書き上げた。

長岡たちに見せると、彼らは大はしゃぎ。「これでいける」「これでやろう」とまるでもう事業が成功したかのような喜びようである。よくも悪くも、純粋で素直なのだ。

農水省に提出するこの事業計画書には申請者の団体名を書かなければならなかった。

そこで、私たちは便宜的に3船団からなる「萩大島船団丸」という任意団体を２０１０年10月に結成する。

当初、代表は長岡であった。が、

「法務とか労務とか……決算書も読まれんのに、無理に決まっとろうが。あんたが計画書を作ったんやし、わしら、難しいことはようわからん。あんたが団体の代表になってもらえんやろか」

「うん、いいよ」

翌年、このひと言で私は「萩大島船団丸」の代表に就任することになった。

情報収集のための〝よそもの〟戦略

とはいえ、私は漁業の仕事などこれまでに一切経験がない。

しかも、もともと魚料理にはさほどなじみがなかった。魚の生臭いにおいも苦手で、魚をさばくこともできなかった。萩大島の看板魚・アジとサバの区別もつかないほど、魚に関して無知だったのである。

さっそく農林水産省に書類を提出したものの、もちろんそんなずさんな計画書が通るはずもなかった。

役人からは「ここはもう少し具体的に」「この根拠を示してください」「この背景はな

んでしょう」と厳しいつっこみを受け、書き直しにつぐ書き直しを余儀なくされる。国の認定事業者になるには、それ相当のきちんとした現状分析とマーケティングが必要だったのである。

とにかく現場を見なければ始まらない。長岡たちは萩大島の船団であるが、私はまず本州の萩市における漁業の仕組みや漁協との関係、漁師たちの意識を知りたいと思った。そして萩と大島にまつわる漁業の現状を徹底的に調査することにしたのである。

とはいえ、いきなりうろうろして萩の漁業関係者に声をかけるのは相当勇気がいった。やり方を間違えれば、警戒されてつまはじきになりかねない。

そこで私が始めたこと、それは萩の浜辺で息子と釣りをすることだった。

しかも、慣れた釣り人なら絶対に行かないポイントで。

あえて小さなアジを子どもと釣っていると、

「そんなとこで釣っとっても、小さいものしか釣れんやろうが」

萩の漁師が興味を持って話しかけてくれたのである。

「漁師さんですか？　普段どんなものを獲っているんですか？」

会話はどんどん弾む。私が萩の出身者ではなく、萩では顔を知られていないのが幸いしたように思う。言葉も違うし、一発でよそものと彼らは見抜いたようだ。

漁師の世界は排他的といわれるが、それはあくまで同業者に対してのことだ。よそものが自分たちに興味を持ってくれるのは大好きなのである。

「魚、いるか？」

しばらく会話をして仲良くなると、手作りの漁師メシを喜んでふるまってくれた。よそから来てくれた人にはとことん分け与えるという、漁師の人情に改めて感動した瞬間だった。

そうして彼らと深い話をできる関係になるまで、さほど時間はかからなかった。

漁師たちの大きな溝

そんなふうに萩の浜をうろうろし、いろいろな人に助けられながら、私の調査は続いた。浜の漁師たちだけでなく、顔なじみになった漁村の豊漁祈願祭にも「お酌くらいし

に行くけぇ」と厚かましく乗り込んだこともある。そして、

「実際、萩の漁業ってどうなん？」

「萩大島ってどう思われてんの？」

「巻き網漁ってなんなん？」

と根掘り葉掘り聞いてみると、いろいろなことが見えてきたのである。

まさにそれは、「漁師たちの不満」のリサーチだった。

たとえば萩大島の漁師と萩の漁師たちの間には、同じ萩市でも微妙な立ち位置の違いがあることを知った。萩大島の船が大漁だと、萩市の魚の単価が下がるので、萩のほかの漁師からは嫌がられること。

島の漁師たちと萩のほかの漁師たちとの間に意見の食い違いがあることや、大きな網で海の魚を一網打尽《いちもうだじん》にする萩大島の巻き網漁に対する世間の誤解もわかった。

その一方で、萩大島の水揚げの規模は市場でも存在感があり、萩市に対する納税や雇用の役割も萩大島が少なからず担っていることを知った。それなのに、どうやらその貢献度が一般市民に十分知られていなかったのである。

萩の漁師と、萩大島の漁師。

彼らのコミュニケーションの基本は、「背中を見て学べ」という姿勢だ。それは命がけの現場で迅速に行動していくためには不可欠なやり方だ。ただ、会話によるコミュニケーションが不足する分、それぞれが勝手な思い込みをしていることもしばしばある。

そんな背景もあるせいか、両者が歩み寄ることがいかに難しいかを実感した。それぞれの声を平等に聞くことで、そうした誤解をどう埋めて、ほかの漁協も巻き込んだ新しい事業を組み立てていくのか。調べれば調べるほど、課題が出てくる。

この事業を始めて後にわかったことだが、こういった漁師たちのパワーバランスは、どこの地方、どこの浜でも起こっていることだった。

誰かが目立とうとすれば、必ず面白く思わない人がいる。それは、いまの漁業の構造では仕方がないことともいえた。

しかし、それらをクリアにしない限り、農水省のいう「6次産業化」への道は実現できないと思った。

気軽に引き受けた事業計画だったが、気がつけば、私は萩大島だけでなく、日本の漁業全体が抱えるさまざまな課題にどっぷりはまりこむことになったのである。

自然の声を聞く仕事に原点回帰したい

初めて長岡の漁船に乗って、萩大島に行った日のことを私は忘れられない。

対馬海流の荒い波をかきわけて、小さな漁船は進んでいく。萩大島の濃いグリーンの島影が近づいてくると、海岸ぎりぎりまで身を寄せ合うように建つ小さな家々が見えてきた。

着いたのは静かでひっそりとした漁村だった。岸壁の上を歩く野良猫と空を舞うウミネコ以外は、人も車もバイクも動くものは何も見当たらない。ときおり海から吹きつける風が音をたてて通りすぎていく。

でもそれはさびしい風景ではなかった。どこか郷愁を呼び起こすような不思議な懐かしさがあった。

ペンキのはげた漁船や年季の入った巨大な燃料タンク、風にはためく漁網と風雨にさらされた倉庫……。風景のそこかしこに、親子何代にもわたって、この地で暮らし、海

港から見える萩大島の家並み

とともに生きてきた人たちの生活と温もりが感じられたのである。

やがて私は萩大島の人たちの素朴な暮らしを知る。

島にはコンビニもなく、代わりにあるのは漁協が直営する小さな商店だけ。しかも、買い物はツケでできる。支払いは漁に出たあとでいいのだ。味噌も野菜も手作り。ほとんど物々交換で暮らしているような世界で、魚が獲れても獲れなくても、人々は笑って暮らしていた。

そこには有名料亭や三つ星レストランなんて当然ない。

でも「島の魚が一番美味しいんだ。これ

が日本一だ」と胸をはって言える彼らの明るさがあった。

お金がない、と言いながらも、いつも新鮮な魚の刺身を大皿に山盛りにして食べている贅沢さだった。

そんな彼らの生き方がうらやましくて、私は思わず涙がこぼれそうになったことがある。離婚や将来のことで悩んだり、そんなことでくよくよ悩んでいた自分がとてもちっぽけに思えた。

萩大島の人たちといれば決してのたれ死にすることはない。

この人たちと一緒なら、何があっても笑って生きていける。

それこそが生きていく究極の強さだと思えたとき、体の底から勇気が湧いてきたのを思い出す。

ビジョンが生まれる瞬間

来る日も来る日も、萩の浜でリサーチに明け暮れる日々。無我夢中の間に、私の中で確信として育っていったものがある。

それは第1次産業であるこの仕事こそ、自分がライフワークにできるものだという思いだった。

小さい頃から私は体が弱く、アレルギーに悩んできた。あとになってそれは化学物質過敏症だとわかる。食べ物に含まれる微量の添加物でも微熱や息苦しさといった症状が出てしまうのだ。

小さい頃はなぜ自分だけがいつも体調が悪く、給食が食べられないのかわからなかった。最近も、安心だと思って食べた牛肉が体に合わず、会食直後に倒れて救急車で運ばれたこともある。

私にとって、自然の食べ物をとることは生きるために必要なことだった。

自分が母になり子どもを育てるようになると、さらに食の安全性への思いは強まっていった。

そんな私からしたら、この萩の美しい海の天然魚はかけがえのない宝物のように思えた。見たこともないほど大きくふっくらとしたアジや、獲れたてのサバのお刺身を初めて食べたとき、世の中にこんなに美味しいものがあるとは、と驚いた。

息子、そして未来を生きる人たちにも、新鮮で安全で何よりも本当に美味しいこの萩の天然魚を食べてほしい。

そして、その海は世界中でつながっている。

(この萩大島の漁業を守るためには、日本の漁業そのものを守らないといけないんじゃないか?)

島のこの豊かな生活と、美しい日本の刺し盛り文化を50年後も守りたい――。

自分の中でビジョンが生まれた瞬間だった。

第1号の事業者に認定されて

約1年をかけたリサーチのあと、満を持して私が農水省に「六次産業化法」の認定事業者申請への事業計画書を提出したのは2011年3月14日のことだった。最初に私が作ったお遊びのような計画書からは格段にブラッシュアップされたものだ。

「萩大島船団丸」の「6次化事業」のアウトラインはこうだ。

萩大島で獲れた魚のうちアジとサバはいままで通り萩の市場に出荷する。そしてそのほかに漁で一緒に獲れたスズキやイサキなどの混獲魚を「鮮魚ＢＯＸ」として箱に詰め合わせ、消費者に直接販売するというものだ。

混ざって揚がった魚は、そのまま市場に水揚げしても1箱1000円程度の値段しかつかない。「小さいタイが欲しい」「姿盛りにするから、首は折らないで」「アラは要らないからすぐに捨てて」そんなリクエストを事前に聞き、揚がった魚はすぐに顧客の要望に合わせて活け締めして届ければ、高鮮度の上、料理長の使いやすい形の魚を届けることができるため、その数倍〜10倍の値段で売ることができる。

さらに、船団丸ブランドで出荷する魚は、市場に水揚げする魚とは保管庫を分けて、徹底した品質管理を図っている。また、市場に揚げず、鮮魚ＢＯＸに併せて直送する一部のアジやサバに関しても、別保管で温度をしっかり管理し、付加価値をつける。

小ロット、少ない品種でも大きな利益を生むことができる。これが「六次産業化法」に基づく「萩大島船団丸」の新しい事業だ。

「わしらにはとてもこんな事業計画は作れんかった」

「あんたに頼んでよかったよ」

漁師たちはみな大喜びである。

私たちが幸運だったのは、計画書の中に偶然にも私が書いた「地方創生」というキーワードが役所の目に留まったことである。ちょうど安倍晋三首相が「地方創生」を掲げたときだった。事業計画書にあった私の言葉とこれからの国のビジョンが偶然にもリンクしたのである。

さらに、萩大島船団丸の代表が女性である私であったことも追い風となったようだ。男社会の漁業の世界で女がリーダーとなった事例は珍しかったのであろう。その珍しさに加えて、政府が掲げる「女性の社会進出」という提言にもピッタリはまった。

農水省による2カ月間の審査のあと、いろいろな幸運が重なって、私たちは「六次産業化法」の認定事業者に選ばれる。

萩の沖合に浮かぶちっぽけな島。その島の漁師たちが、中国・四国地方で国が認定する「六次産業化法」の認定事業者第1号になったのである。

大きな漁協や組合、企業をさしおいて、「離島の小さな漁師集団の快挙」ともいわれた。

2011年5月26日のことだった。

第2章
荒くれ者たちとの戦い

荒波の中の舵取り

「わしら、認定事業者第1号じゃ！」

農水省の審査に通った直後は長岡をはじめ、萩大島3船団の社長たちの喜びようは半端ではなかった。

漁師たちが待機する船団の倉庫で、私たちは祝いの酒盛りをした。

「あんたがいてくれたおかげで、難しい書類も作れて、認定も取れたんじゃ」

漁師たちは尊敬のまなざしで私を見つめている。私と漁師たちの間も良好だ。男所帯の中に咲いた一輪の花のように、私はちやほやもてはやされていたのである。

まだこの頃までは。

認定を受けたとはいえ、計画書はあくまでも机上のものだった。実際に漁業を6次化しようと動き始めると、その道のりは想像以上に厳しく、いばらの道の毎日が始まったのである。

事業計画書にのっとって、着々と計画を進めようとする私と、いままでの体制を壊すのにためらい始めた漁師たちとの間で、溝が深まっていくのにそれほど時間はかからなかった。

最初に立ちはだかったのは、萩大島の漁業が抱える根本的な問題である。

魚を大量に捕獲する萩大島の巻き網漁は３カ月間の禁漁期間がある。漁ができるのは1年のうち実質９カ月しかない。しかも波が荒かったり、風が強かったりする日は海に出ることができない。平均すると実働は週1～2回ほど、年間70～80日しか漁ができないのだ。当然のことながら、漁ができない間はまったくの無収入である。

つまり収入が恐ろしく不安定で、将来計画が立てにくいのが萩大島の漁業が抱える根本的な問題だった。

かつて、海で魚がたくさん獲れた時代は、それでも十分暮らしていくことができた。一晩で何千万円も水揚げがあり、立派な御殿を建てた漁師もいたという。

でも萩を含む山口県地域の海では、数十年前から急激に魚が獲れなくなっていた。山口県の漁業生産量は、ピーク時には年間約25万トンもあったものがたった30年で３万トンにまで減ってしまった。

私が長岡から「萩大島船団丸」の仕事を依頼された時点でも、萩大島では漁獲高がすでにピーク時の3分の2に、さらには商品価値のある魚は半分にまで減っていた。たとえ量が減り競り値は上がっても、水揚げが落ち込むほどの差は埋められるはずもなかった。

萩の漁業はほとんど壊滅状態だった。

しかしこれは萩だけで起きている問題ではない。日本中の漁業が、同じような問題に直面しているという。

逆風が吹きつける中で、私たちは難しい舵取りを要求されていた。

立ちはだかる旧態依然とした仕組み

漁師が獲った魚を、漁師自らが消費者に届ける。これは、いわゆる産地直送とは違う。産地直送の条件は、文字通り生産地から届けること。当然そこには市場も絡んでくる。

一方、私たちがやろうとしているのは、もっと厳密な「生産者直送」ともいえる取り

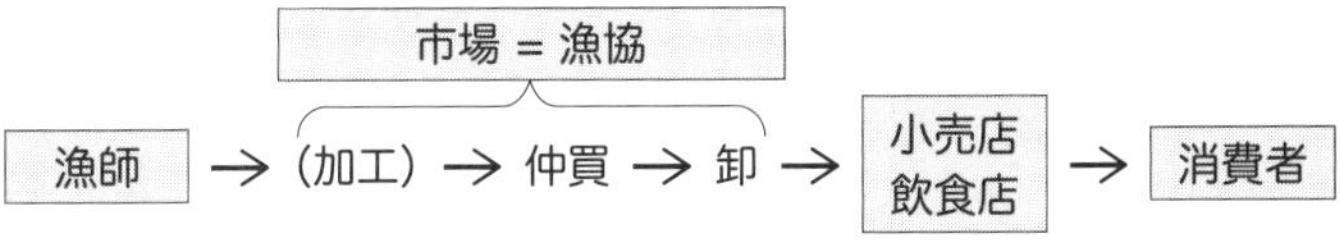

魚が漁協を通して消費者へ届くまでの流れ

組みだ。このいわゆる自家出荷（直出荷）といわれるものが、農水省が描いた漁業の「6次産業化」の簡単な図式である。

ところが、ここに立ちはだかったのが、漁協という強大な仕組みだった。私たちは日本の漁業が抱える構造的な問題に加えて、漁協を中心とした古い体質というもう一つの大きな壁にも立ち向かわなければならなかったのである。

漁師が海で魚を獲ってくると、それを漁協が管理する市場に水揚げする。漁師の仕事はそれで終わりだ。そのあとはすべて漁協（＝市場）が行う。その日の相場と水揚げに応じて、一眠りして目が覚める頃に伝票だけが届き、漁協（＝市場）から漁師や各船団にお金が支払われるというわけだ。

水揚げされた魚は、必要に応じて加工されたり、そのまま箱詰めにされたりして、「仲買人」に引き取られ、「仲買人」は「卸」に魚を流し、「卸」が「小売店」に販売し、最終的に消費者に届くという流れが一般的になっている。

この場合、「仲買」や「卸」は市場（＝漁協）と密接に結びついていて、そこを通さなければ魚を売ることができない。

つまり小売店に流れるまでの一連のプロセスは市場（＝漁協）の管理下に置かれているといってもいい。

これが、日本の一般的な漁業の仕組みなのだ。


私たちが直面したのは、そんな漁協や関係者による想像以上の抵抗だった。

漁協の効率化した仕組みが戦後復興の時代から、日本の漁業を支えてきた。しかしその結果、魚の流通の構造が長く固定化され、既得権益ができあがり、その大部分がアンタッチャブルになっていたのである。

漁協関係者にしたら、自分たちをすっ飛ばして、漁師が消費者と直接取引するようになるのは死活問題だ。市場は売上の数パーセントを歩合金として受け取っており、「仲買」や「卸」も売上の何割かを利益として取っている。

漁師の水揚げで生活していた彼らにとって、漁師が自分たちですべてをまかなってしまうと、生きるすべを失ってしまうのだ。

運命共同体で成り立っているこの既得権益の仕組みをクリアしない限り、萩大島の「6次産業化」の事業は実現できないのだった。

「お前らなんか、潰してやる」

そんな事情をまるで知らない私は、認定事業者の申請をするにあたり、のこのこと漁協に出向き、「一部の魚を梱包《こんぽう》して、自分たちで出荷します」と報告した。そのとたん、

「おい、ちょっと待てや」とあちこちから嵐のような反対を受けたのである。

「どれだけ売るか知らんが、みんなが好き勝手するようになったらどうしてくれるんか！」

「こっちで一元出荷を謳《うた》っている以上、勝手なことをしてもらっちゃ困るけぇ」

「そのやり方はいけん。通らんぞ」

あちらからも、こちらからも矢のような言葉が飛んでくる。私も、

「どのようにしたらみんながウィンウィンのやり方にできるのかを話し合い、考えましょう」

「制度上、問題がないかを各関係機関に確認してきますので、問題点を教えていただけますか」

と一つひとつ彼らの主張を覆す根拠を示していこうと躍起になった。


彼らは決まって、「そんなやり方は〝ふつう〟と違う」と言う。

自分の中でむくむくと怒りが湧いてくるのを感じた。

（いったい、ふつうってなんなの？　そのふつうがダメだったからこそ、いま、漁業がガタガタになってるんじゃないの⁉）

もともと私は、「ふつうの人生」に挫折した人間だ。かつてはキャリアの成功を夢見ていたけれども挫折し、大学も中退。結婚だってうまくいかなかった。

みんなにとっての「ふつう」を目指しても、絶対に人は幸せになることができない、と自分の人生でつくづく思い知った。

だからこそ、仕事相手に「ふつうはこうなんですよ」と言われると、「くそくらえ」と思ってしまう。

そして、息子の故郷でもある山口県萩市という街の衰退を食い止めるために、親である私が何かをしなければならないという思いが、この頃も今も変わらず私の原動力となっているように思う。

そんなある日、漁師たちが漁に出ていた日のことだった。長岡の無線に、誰だかわからないがこんな声が飛び込んできた。

「お前らなんか、潰してやる」

漁協と対立することの大きすぎるリスク

漁師たちの間には動揺が広がっていった。

「お前、これでうちが潰されたら、どないしてくれるんか」

「漁協にあんな啖呵《たんか》切って、どうする気じゃ」

「俺らの生活はどうなるんか」

「あんたはよそものじゃけ、そんなことができるんやろが」

「もういい加減にしとけ」

新しい事業を始めたい、とは言ったものの、漁協と対立してまでやることは彼らの頭の中にはまったく想定されていなかったのである。

漁協と対立できない理由、そこにも構造的な問題がある。

まず、漁協が融資の決定権を持っていることだ。漁師が乗る船は、「萩大島船団丸」のような巻き網船の場合、網を張る一番大きな母船だと1隻1億～3億円はかかる。また巻き網に使う網は5000万円、網を引き上げる機械も数百万円単位である。

とても個人や船団でまかなえる金額ではない。そこで漁協から融資を受けるのだが、漁協と対立すれば、その融資が受けられない可能性がある。

漁協と対立することは、モノ、カネの流れを断たれてしまうことを意味していた。

さらに深刻なのは、漁で必ず必要となる燃油や氷は、漁協が管理をしている。さらに、箱詰めの箱を持ってくる業者などさまざまな資材を扱う業者が市場には出入りをしている。彼らも市場（＝漁協）と密な協力関係の中にある。しかもこうした資材の支払いはすべてツケなのだ。

ということは、漁師が漁協と対立すると、船を動かす燃油も、魚を詰める箱や氷も一切の資材が購入できなくなるリスクが生まれるのだ。

とっくみ合いの大喧嘩に発展！

そもそも漁師としては、男社会である漁師の世界に、女が、それもよそものの若造が入り込んで、あれこれ口を出すこと自体が生理的に受け入れがたいところもあったのだろう。

お飾りの〝花〟のように、黙っておとなしくしていてくれるのならまだしも、それが先頭に立って指揮を始めたので、もう絶対に許せないのである。

「小娘のくせに、わかったようなことを言いやがって。むかつくんじゃ」

「わしらをなんだと思っちょるんか」

彼らとは顔を合わせるたびに、ののしり合いの喧嘩が始まった。とくに長岡は、私を紹介した手前もあったのか、責任を感じて、強力に反対してくるのである。

船団丸で集まってミーティングを開くときは、たいてい最後は「おらーっ」と大声をあげて大喧嘩になる。

「お前、俺らを潰す気かぁ!!」

私も決して負けてはいない。

「だから絶対、潰れんと言っとるやろが」

「いや、潰れたらどないしてくれるんか」

「そしたら私が借金、全部返すわ!!」

「お前なんかにできるか」

「できるわ!」

「何もわからんくせに」

「わかっとるわ、このぼけ!!」

その場でとっくみ合いの喧嘩になったことも一度や二度ではない。向こうは男であるうえ、本来は優しい心根の持ち主だったから、さすがに手加減していたと思うが、それでも激しいバトルはしばしばあった。

いま、講演会をするたびに「そんな状況で、前に進むことが怖くなかったんですか？」といった類いのことをよく聞かれる。しかし、怖さは微塵《みじん》もなかった。

ただやるだけ、それだけだった。

戦うことが1ミリも怖くなかった理由

人は、腹をくくった瞬間に驚くほど強くなる。

なぜ怖くなかったか？　それを説明していくうえで書いておかなければならないことがある。

名古屋で大学に通っていた19歳の頃、私は「悪性リンパ腫」の可能性を指摘され、余命半年の疑いがかかったことがある。後に詳しく書くが、それが私の人生を大きく変え、萩に流れついた転機となった。

あとになって別の病名とわかったが、「余命半年」と告げられた衝撃的な経験は私をふるえあがらせた。「人はいつ死ぬかわからない」という無常観と恐怖感がその後の私の人生に大きな影響を与えたのだ。

そんな体験のあとに授かったのが息子である。

いつしか私は、自分が息子に見せてあげたい大人にきちんとなれているか?と自分に問い続けるようになっていた。

「ふつう」にがんじがらめになる大人にはなりたくない。

自分自身の責任のもとで、どこまでも私らしく。

たとえ明日死んだとしても、後悔のない生き方をしたい。


恐怖など何も感じなかったのは、こんな背景があったからだと思う。死の恐怖に比べたら、会社が潰れるなんてすり傷のようなものだ。

たとえ潰れて借金ができたとしても、長期的な経営の視点に立てばどうってことない。この事業がダメならまた別の事業をやればいいだけのことだ。

何よりも、私たちが一生懸命やって潰れたなら仕方がないではないか。

他者に誠実であり続ける限り、やるだけやった私たちのことを誰も責めないだろうし、責められないと思うのだ。

とはいえ、長岡や母船オーナーの松原が抱いた怖さは想像以上だったのだと思う。自分たちがやろうとしていることが、まさか漁協や萩中の漁業関係者を全部敵に回してしまうほどの大ごとになるとは思ってもみなかったのだろう。

先祖代々、変わらず続けてきた漁業の仕組みを新しく変えるのは、彼らにとっても想像を絶する勇気が必要だったと思う。

でもここで変わらなければ、萩大島、いや日本の漁業の先はない。その危機感だけは私も、長岡も、ほかの船団の社長たちも共通している認識だった。

長岡たちとどんなにとっくみ合いの喧嘩になっても、私はこの仕事から手を引こうとは思わなかった。なぜかというと、私には勝算がはっきりと見えたのである。

この事業計画が進められないわけがない。

どこかに着地点が絶対にあるはずであると。

万一漁協と対立して、私たちの魚を市場で流通させられなかったときのために、県を飛び越えて千葉の業者に話をつけた。

その結果、萩の市場で私たちの魚を引き取ってもらえないときは、千葉の会社が全部引き受けてくれることになった。

船に入れる燃油も、萩の業者が売ってくれなければ、タンクローリーを手配すればいい。魚を冷やす氷や箱詰めの箱もほかの地域から業者を呼ぼう。

闇雲に怖がるんじゃない、冷静に問題を見つめ、淡淡と手を打つだけだ。そうすると自分の目の前に少しずつ道が切り開かれていくような気がする。

「氷屋もタンクローリーも私が連れてくるけぇ、大丈夫」

そうやって具体的な方策を示すことで、彼らの態度も少しずつ軟化していった。

地域全体がウィンウィンになる新しい方法

このまま従来通りのやり方を続けていては、萩だけでなく全国の漁業は衰退してしまう。でも、何世代もこの地で漁業を営んできた萩の漁業関係者が変化を恐れるのはわからないわけでもなかった。むしろ、拒絶反応を示すのは当然だろう。

だからこそ、彼らとの交渉では敵対するのではなく、ともにウィンウィンになる新しい道を模索したいと思った。たとえば私たちの事業で得た収益から手数料が漁協や仲買人に渡る仕組みにすれば、市場全体が潤う。

萩大島の漁師たちの水揚げは、漁協・大島支店内で６割を超える。萩大島の漁業が活性化すれば、それは萩市場全体が活性化することにもつながるのだ。そうした提案も積極的に行ってみた。

私は反対する漁協や関係者たちと粘り強い話し合いを続け、時には啖呵を切って、着地点をさぐった。

「小娘のくせに生意気なんじゃ」

「よそものが何を言う」

何を言われても引き下がらず、食い下がる私の話に、やがて耳を傾けてくれる漁業関係者や仲買人もちらほら現れ始めた。

よそものに厳しく保守的な土地柄ではあっても、萩の漁業関係者たちはひと皮むけば、みな根は優しくて、純粋な人たちである。

結局、獲れた魚の大半は市場に回し、自家出荷する分は漁協と仲買人に手数料を支払う。

さらに私たちの水揚げが少ない日や、年に約300日ある漁に出られない日には、市場から魚を買って自家出荷分をまかなうということで折り合いをつけて、漁協から「萩大島船団丸」の新事業を認めてもらえることになった。この場合、船団丸から出荷する魚については、それぞれの漁業者に血抜きなどの手入れをほどこしてもらうことで、漁業者の技術力向上と市場全体の魚のクオリティアップも目指したのである。


とはいえ、船団丸の漁師たちにとって、認定事業者に選ばれてから事業がスタートするまでは、怒濤《どとう》の毎日だったと思う。

「えっ？」「まさか？」「それをやる？」ということが毎日起き、事態を呑《の》み込むのがやっとだった。

彼らにしてみれば、少し前までは私はよそものの、男が助けてあげたくなるかわいそうなシングルマザーだったはず。

ところが事業が進むにつれ、か弱いはずのこの女がとんでもない〝化け物〟に変身していった。漁協を相手に啖呵を切るわ、業者と喧嘩をするわ、萩中の漁師を敵に回すわ、彼らも想定外なことがあまりに多かったと思う。

いみじくも、先日、長岡は雑誌の取材に答えて、こんなふうに言っていた。

「会った最初は天使だと思いました。でもいまは悪魔です」（笑）

漁師を真似してジャージを着る

しかしその〝悪魔〟も、漁師たちの知らないところで、あがくことの連続だった。

ある日の出来事だった。漁師たちに、「10時集合」と島に呼び出された。指定された場所に行ったところ、スーツを着ているのは私一人だけ。一方の漁師たちといえば、みながジャージを着ているのである。

「お前だけおめかしして、仕事やる気あるんか？　魚、触る気あるんか？」

ぐっと言葉を呑み込んで、家に帰った私はインターネットでジャージを10着注文した。そして次の日から、これまで仕事で着ていたスーツを脱いでジャージで魚の運搬作業にとりかかった。鱗《うろこ》まみれの日々が始まったのである。

私が魚には無縁だったことを知っている家族がこの姿を見たら、卒倒したかもしれない。私自身でさえ信じられない。

正直、最初は魚の扱いに戸惑うことも多かった。でも漁師たちの前でそんな表情は微塵も見せたくなかった。私は彼らの仲間である。海で網を張って漁こそできないが、彼らが命がけで獲った大切な魚をこわごわ扱うことなどとてもできなかった。

純粋な彼らが、将来の生活を不安に思うことなく、毎日を笑って過ごせるように、そして私たち日本人が新鮮で安全な魚を子どもたちに食べさせていけるように、これから一緒に漁業の未来を切り開いていかなければいけないのだ。

だから、私も彼らと同じ地平に立たなくちゃいけない、そう思った。

言葉遣いにしてもそうである。漁師たちに標準語で提案すると、

「なんだかバカにされているような気がする」

と大喧嘩になった。

最初はみなが話していることの半分ほどがようやく聞きとれるレベル。できるだけ萩の言葉を使えるように、彼らとの激しいやりとりの中で真似するようにしていった。結

果として、自分でもびっくりするほどどんどん言葉が荒々しくなっていったのが、痛し痒《かゆ》しであるが。

同じ夢を見続けるには、まずは彼らの立場にとことん立つこと。それが、私が最初に自分に課したことだった。

「マグロを頼んだのに、ブリが届いた！」

２０１１年7月21日、「萩大島船団丸」の記念すべき最初の自家出荷商品の「鮮魚ＢＯＸ」が宅配便のトラックで東京に送り出された。農水省の認定事業者に選ばれて２カ月後のことだった。水産の認定事業者の中では、全国で稼働第１号である。

萩でその日の朝獲れた魚を鮮魚ＢＯＸに詰めて、宅配便で東京に送り、最速で８時間後には新鮮な魚がお客さんに届く。これが「萩大島船団丸」の「６次産業化」のビジネスモデルの目玉であった。

その流れはこうだ。午後3時、船団丸の船団は群れになって波しぶきを上げながら沖に出航する。漁場に到着すると、船団は明かりを灯《とも》して魚を集める。

夜9時、完全に日が暮れるのを待って、巨大な巻き網を海に投入する。すると、深夜12時頃から順次、今日は何が獲れたか、漁場の状況が逐一LINEで長岡から私に入り始める。

浜で待機している私はその状況を見ながら、リアルタイムでお客さんとやりとりして、注文を受けるのである。同時に地元の仲買にも情報発信をする。これもいままでにない試みだった。

注文を受けるとすぐ長岡は船の上で血抜きを始める。生きたまま船上で血抜きを行うことで、どこよりも新鮮な魚を届けることが可能になるのだ。また、締めた時間が把握できていることで、魚の熟成度合いを料理人が把握し、調理法を的確に決めることができる。

真夜中の1時か2時、船は港に戻ってくる。そのまま市場に水揚げして、早朝から私たちは鮮魚BOX詰めの作業に取りかかる。漁師たちと一緒に注文に応じた魚を揃えたり、丁寧に氷詰めをしたりし、それを5〜9時出発のトラックに順次乗せて出荷するのだ。

伝票処理など残務作業をこなして、一連の仕事が終わるのは昼前になる。最初からこんなスムーズな流れができていたかというと、とんでもない。

ある日料理長が、

「マグロって聞いたから注文したのに、ブリが届いたんだけど！」

とカンカンになって電話をかけてきた。

料理長とのやりとりでは「メジ」という魚を送る約束になっていた。おかしい。ちゃんと「メジ」は送ったはずだ。

「メジ」とは、萩大島ではブリの稚魚を指している。ところが、東京では「メジマグロ」のことを指していたのだ！

船団の代表と名乗っておきながら、魚の名前がわからない。恥ずかしかった。

魚の図鑑を買って、一般的な魚の名前とそれぞれの地方名を必死に覚えることからのスタートだった。

実は当の漁師も、魚の正式な名前を把握しているわけではなかった。これまで彼らがコミュニケーションを取る必要があったのは地元の人だけ。魚も地元の名で呼べば事足りたのだ。

こんな恥ずかしいこともあった。取引先の店に魚を送ったあと、お客さんである料理長から魚の名前を教えてもらうのだ。そして後日納品書を送るという始末だった。

こんな紆余曲折《うよきょくせつ》を経て生まれたのが、LINEでのリアルタイムのやりとりだった。これまではメールや電話でのやりとりだったのだが、写真を撮ってその場で確認してもらえば、迅速になるうえ間違いはなくなる。料理長たちも納得して、自らのスマホにLINEをわざわざ入れてくれた。

決して楽ではなかったが、転びながらも少しずつ前進している感覚があった。

何よりも、自分たちの手で行う自家出荷には夢があった。

9割の大契約を打ち切る決断

自家出荷の主な相手は、不動産会社を親会社に持つとある会社だった。知り合いから紹介されたその会社は、まとめて鮮魚BOXを買ってくれる大変ありがたいお客さんだった。

出荷はどんどん増えていき、その会社の注文だけで、自家出荷の売上の９割を占めるようになっていった。

自家出荷の金額自体は全体の売上からすればわずかなものだったが、安定した顧客を得て、「６次産業化」の計画はうまく軌道に乗りそうという空気が船団丸には漂っていた。

しかし、思わぬことが発覚する。

実は、その会社は節税対策として鮮魚ＢＯＸを大量に買い上げていたにすぎなかったのである。

少しずつ疑念が積み重なっていくのに時間はかからなかった。

（これは、私が本当にやりたかったことなのか？）

私は萩の魚にとことん惚れこんだからこそ、このビジネスをやりたいと思った。だからこそ、本当に萩の魚の価値をわかってくれる人に届けたい。

魚の数が減っているからこそ、その価値を高くしていかなければ生き残れない。仮にミシュランの星つきのお店が船団丸の魚を取り扱ってくれれば、評判が評判を呼んでさらに萩の魚をブランド化できる。そうすればどんなに魚の出荷量が減ったとしても、「船団丸の魚がいい」と言ってくれる人は決していなくはならない。

本当に目指すべきは、目先の利益ではない、「高付加価値」だ。

確かにその会社との取引を続ければ、安定した売上が望めたのだろう。でもそれではせっかく高い理想を掲げて出発した「6次産業化」や萩大島の漁業の本当の活性化は望めない。

そろばんより、ロマンが大切なときがある

自家出荷を始めて3カ月後に、私は契約打ち切りに踏み切った。

「うちのコンセプトに合わないから」

これには長岡をはじめ、船団の社長たち、漁師たち全員が猛反対の嵐である。

当時、「萩大島船団丸」に所属する漁師は3船団60人。60対1で私は反対されたのだ。

とくに船団の社長たちはかんかんである。

「売上の9割の客先を切って、どうするんじゃあー!!」

「どうもこうもないわ。私らが目指しおるんは、そういうことじゃないけぇ」

彼らが心配するように、生きていくためにはお金は必要だ。しかし、事業はそのためだけにあるわけではない。

青臭いかもしれないけれど、たとえば「ロマン」だって、立派に事業をやっていくうえで大切なことだ。

社員の夢ややりがい、そして萩の魚の価値を高めたいというロマンも、私にとってはこの事業をやるうえでの立派な理由の一つだ。ここはそろばんよりもロマンを大切にすべきときだと思った。

「私が責任を取るから、もうこの取引はやめるけぇ」

そしてこのとき私と長岡の間で起きたのが、冒頭で紹介した〝ウインドブレーカー事件〟である。

「あんな小娘を代表なんかにするんじゃなかった！」

いつものように私と長岡が対立し、言葉をまくしたてる私に長岡がぶち切れたのだ。

喧嘩は磨き合いのプロセス

長岡に限らず、漁師たちとは数えきれないほど派手な喧嘩をした。突然、誰かが「やめる」と言い出して、夜の海を萩大島まで船で駆けつけたことも何度もある。

やはり「萩大島船団丸」が目立つことをしているので、漁師仲間の間で嫌な思いをすることもあったのだ。

「○○がやめたいってよ」という連絡が入ると、私は松原水産の松原一樹社長に電話を入れて、夜でも船で萩まで迎えに来てもらった。松原は嫌な顔一つ見せず、律儀に萩大島から私を迎えに来てくれる。

波が荒い夜の海を、びゅうびゅう風に吹かれながら、萩大島に向かった。

「こんな夜遅くに、わざわざ島まで来んでも」と言われたこともあるが、こういうことは溝が大きくなる前に、その日のうちに解決しておきたかった。

とくに事業を始めた頃は、信頼関係もまだしっかり築けていない。だからこそ、とことん話し合うことが重要だったのである。

（なぜこんなにわかり合えないんだろう）

一人になったとき、ふと考えることがある。

結局、みなが「自分が満たされたい」というそれぞれのこだわりを持っているからこそ、ぶつかり合う。「自分が、自分が」と思っているときに人は衝突するのだ。

しかし、自分にとって大切なことが、相手にとっても大切なこととは限らない。私が「こうだ」と思っていることも、漁師たちにとっては違うこともたくさんあるだろう。

だからこそ、できるだけ漁師たちが見ている景色を見たかった。そして、萩大島の漁業が50年後も栄えている未来を一緒に見たかった。

どんなに喧嘩をしようとも、私たちは同じ未来を向いている仲間同士であることを何度も何度も確認し合った。

「大丈夫、日本から刺身文化はなくならんけぇ。水揚げが100分の1になったら、鮮魚BOXを100倍の値段で売ればいい。みんなが獲ってくれる魚はそれくらい美味しいんだから。みんなには漁師としてのプライドを大切にしてほしい。だから、日本一の魚を獲ってきて。私が必ず売ってみせる」

何時間でも話し合って、言いたいことを言い合えば、最後は仲直り。それは喧嘩であると同時に、私たち全員が同じ方向を向く大切な磨き合いのプロセスだった。

ちなみに、長岡はいまでも私が買ったウインドブレーカーとメガネを大切に使っている。

「あんたは苦労を買って出る人やな」

大口の契約を切ったからには、すぐに動き始めなければいけない。何しろ全員の反対を押し切って、大口顧客を切ったのだから、新しい顧客を開拓する責任は当然私にある。

そんなのっぴきならない状況で、新規開拓の営業を始めることにした。

当時4歳だった子どもを、朝9時に24時間保育に預けると、「よーいどん」で萩を出発。そして1時間車を飛ばして新幹線の新山口の駅へ。そこから新幹線で一大消費地の大阪へ移動して飲食店に飛び込みで営業を開始することにした。

夜まで丸1日営業し、大阪で1泊したあと、次の日の朝始発で帰ると、保育園のお迎えの翌朝9時にぎりぎり間に合う。

本当は飲食店がひしめく東京で顧客を見つけるという方法もあったのだが、子持ちの私には時間的に不可能である。そこで東京につぐ大消費地の大阪にターゲットを絞り、営業をかけることにしたのだ。

といっても、なんのツテもなく、いきなり店に飛び込んで「鮮魚を買ってください」と言っても注文がもらえるはずもなかった。

そんなときに頭に浮かんだのが、大阪にいた知り合いの経営者だった。私が萩でコンサルをしていた頃、たまたま顧問先に食事をしに来ていた人だった。

「本当にすみません。北新地の高級店を紹介していただけませんか」

こんな図々しいお願い、断られて当然だ。実績も信用もない若造に、大切な知り合いを紹介するなんて、ふつうは考えられない。

しかし、70代のその経営者の口から出たのは、驚くべき言葉だった。

「あんたは苦労を買って出る人やな」

優しい口調だった。

「いまは、僕がお嬢さんを助けるさかい、うちの孫がいつか困っていたら、そのときに助けてやってください」

そうして彼は数件、料亭を紹介してくれた。人のために、何の見返りもなく行動するこの姿勢は、私の中に強く印象づけられた。

そのおかげで、料亭は月1、2箱、鮮魚ＢＯＸを取ってくれた。その実績だけを武器にして飛び込み営業を始めたのだった。

飛び込み営業で必ず成功する方法

最初はどこを訪ねても、けんもほろろに追い返された。

「あんた、何しに来たの？　魚？　いらない、いらない。うちはもう魚屋が決まってるから」

大阪の飲食業界は北と南でエリアが分かれていて、それぞれ仕入れのネットワークがあり、基本的にそこ以外から食材は取らない習わしになっていた。そんな事情を知り、「営業の方法を変えなければ」、と焦りがつのっていった。

まずグルメサイトなどの評価で、魚にこだわっていそうな店に目星をつける。そして店が忙しい時間帯を避けて、客として店に入り、必ずカウンターに座るのだ。

注文するのは刺身盛りを一つ。手持ちのお金は少なかったのだが、刺身盛りだけなら８００円か１０００円ですむ。

そして刺身はもちろん、つまの大根まできれいに平らげる。すると料理人は不思議がって必ず話しかけてくれる。

「お姉さん、魚好きなの？　仕事、何してるの？」

話しかけられたときがチャンス。

「実は私、魚屋なんですよ」

「え〜、マジで？　お父さんの会社なの？」

「いえ、創業です。鮮魚店というか……、アジやサバを獲るほうなんです」

「は？　獲るほう？　どういうこと？　漁師さんじゃないよね？」

相手は興味津々だ。

「いや、漁師と一緒にやってるんです」

「は？　何、それ？」

ここまで来たら、もうこっちのもの。名刺を出せば必ず受け取ってくれる。「萩大島船団丸」の名刺を渡して、

「萩に帰ったら、魚を詰め合わせて送るので、一度食べてみていただけませんか」

その日はそのまま帰って、萩から鮮魚BOXのSサイズを1箱送る。もちろんこれはサービスだ。

そして箱が着いた頃を見はからって電話を入れる。

「もしよかったら週に1箱でいいので、買っていただけませんか」

こんなふうにして、少しずつ直接取引できる飲食店を増やしていった。

もっともそれが継続する固定客になるかというと、難しいものがあった。店側が一番警戒したのは、決められた納期に必ず欲しい魚が手に入るのかという点だった。

「今日は漁に出られなかったので、魚は送れません」では、店は成り立たない。

「本当にちゃんと来るの？」

「大丈夫です。獲れなくても、私が責任持ってよそから仕入れて、絶対納めますから。

納期守りますから。電話入れます。LINEもします。何でもします」

そんな感じで、採算よりも店との信頼関係を築くことに重点を置いていった。

２０００円相当分の魚を詰めた鮮魚BOXを２０００円の送料をかけて送り、５０００円で売って、１０００円利益が出たら超ラッキー！とか、あるいは不漁のときはよその市場で仕入れた魚を、魚代も手間賃も負担して、足が出ても送る、という利益のない商売をしていたのである。

売上は遅々として伸びなかったが、まずはとにかく信頼を得て、新規の顧客を増やすことが一番の目標だったのだ。

食事を吐いてお腹を空にし、１日４件営業に回る

営業に使える時間は、子どもを預けている24時間の間だけ。すると商談はマックス４件までしか入れられない。そのため、１分１秒を惜しんで、めいっぱい時間を商談に使う工夫をした。

まず子どもを9時に預けると、新幹線で山口から移動して、大阪に着くのが午後１時

頃。そこから移動してアポを入れて、昼の2時頃に1件目の商談を行う。1時間から1時間半の商談をして、移動に30分。2件目の商談に入って1時間から1時間半。すると時間は夕方の4時半か5時頃になる。

この時間帯になると、商談が早めの晩ご飯になる。そうなると当然お酒が出るので、飲むことになる。3件目の商談が終わるのが6時半か7時。

ここで終わりにせず、頑張ればもう1件、遅い晩ご飯を食べる商談が入れられるのだ。でも3件目ですでに飲んで食べているため、もうお腹《なか》はぱんぱんだ。

そこで店を出たあとに、すぐに食べたものをトイレに行って全部吐き出し、お腹を空にして、4件目の商談に臨んだ。

そこまでするのか、と思われるかもしれないが、子どもを24時間保育に預けて、営業に出てきている身だから、時間は1分たりとも無駄にしたくなかった。一番大切な子どもとの時間を犠牲にして大阪まで出てきたからには、吐き戻しをしてでも、1件でも多く商談を入れたかった。

こんなふうに大阪まで出張したときは、たいてい晩ご飯を2回食べていたため、吐き戻していたとはいえ、10キロくらい太ってしまった。契約先が20件を超えると、料理長同士の紹介で、すでに食事を用意してくれているのだ。そんな厚意を断るなんて、当然できないし、したくなかった。

そんな甲斐もあり、やがて新規開拓店は20店を超えた。信用も着実に得られるようになり、サービスの鮮魚ＢＯＸをやめたあとも契約ができるようになっていった。

当時の私の写真を見ると、連日の営業のため、まるで子豚のように丸々と太っている。それくらい、顧客の開拓に必死だった。

「この時代をふり返って、つらいことはなかったですか？」

と聞かれたことがある。でも思い出してみても、無我夢中だったこの時期、つらさを感じている暇はなかった。

大学生で「余命半年」を疑われたときのショックや、そのあとの離婚の苦しさに比べたら、「萩大島船団丸」の代表になってからの毎日は驚くほどつらさを感じないのだ。

自分がしていることが未来の漁業を変える一歩になるかもしれない。

未来に夢と希望が持てる。

そのことがどれほど生きる活力になるか、私は「萩大島船団丸」の仕事を通して初めて実感できたのだ。

船団長の心をつかんだ1枚のなぐり書き

新規開拓を始めて2、3カ月ほど経った頃、出張ばかりして萩にいない私に、漁師たちがざわつき始めた。

以前、私は必ず港にいて、漁師たちと一緒に水揚げされた魚の仕分けや鮮魚BOXの梱包を手伝っていたのに、この頃はほとんど浜で姿を見かけない。

「あいつは最近萩にちっともおらんと、子どもを預けっぱなしで、大阪で遊び歩いとるらしいやないか。俺らの仕事を手伝わんと、何しとるんや」

次第にそんな不満が積もっていった。漁以外にやる必要がなかった彼らには、新規開拓の営業や商談で飛び回っている私がどんなことをしているのか、想像するのは難しかったのだ。

暮れも押し迫った12月のある日のこと。いつものように、ささいなことから私と長岡の喧嘩が始まると、そのうち激高した長岡が私にくってかかってきた。

「お前、うまいことわしらを利用して、遊び歩いとるやろが。もうわしらだけでできるけ、お前はいらん。開拓した客は俺たちのもんや。客のリストを置いて、とっとと出てけ」

積もり積もった不満がついに爆発した瞬間だった。

「あ、そう。わかったよ。でもよく考えて。この先、あんたら、これだけのお客でやってけるん？」

私はつとめて冷静に長岡に言い聞かせようとした。でも長岡は、

「いや、もう俺の考えは変わらん」

と頑《かたく》なだ。

長岡はいまでもそうだが、決して私のことを自分より上だとは認めていない。事実、漁という現場では当然彼がトップである。

長岡が、最初は私が小遣いをやる事務員程度の〝女の子〟だったはずなのに、いつからこんなに偉そうな口をきくようになったのか、と内心歯がゆく思うのも無理はない。ましてや私が組織の代表として対外的に出ていくのも面白いわけがない。

「もうお前はいらん。出ていけ」

の一点ばりだったので、さすがに私も、

「わかった、わかった。好きにせえよ」

と承知せざるをえなかった。

私はそばにあったA4の紙をつかむと、表と裏にいま取引がある20件の顧客の名前を一気にばあーっと書きなぐった。

すべて私がゼロから開拓して、「萩大島船団丸」の顧客にした大切な料理人やお店ばかり。何度も連絡をとりつくしているので、店の名前も、料理長の名前も、住所も、電話番号も、癖も、好みも、全部空で覚えていた。

それらをすべて書き出したうえで、一件一件「ここはサバを入れてはダメ」「ここはタイが好き」「この料理長は釣りの話が好き」「ここに送るときはオーナーに連絡を入れること」など細かい注意書きを入れた。

そして、長岡に「ほら」と紙を渡すと、「私はもう萩を出るけぇ」と言って、出ていった。


あとで聞いた話だが、長岡はそのリストを見て号泣したという。

そのリストは、私が半年間、靴底をすりへらして大阪の町々を歩き回り、けんもほろろに追い返されても頭を下げ、食事を吐いてまで商談をこなして獲得した顧客たちだった。タクシーに乗る経費なんて捻出できない。多い日は３万歩、歩いて営業先を移動していた。当時、私の足の爪ははがれていた。

その汗と涙の日々の跡が、Ａ４の紙の裏表に映し出されていたのだ。

この20件を得るまでにどんなに苦労したのか、長岡は血の滲《にじ》むような努力を感じ取ってくれたのだった。

後に、長岡はこのときのことをこう語っていた。

「『ああ、もうこの子には逆らえんなあ』と思うたなあ」

漁師たちに追い出されたけれど

長岡に顧客リストを渡したあと、私は子どもを24時間の保育園に預けると、すぐその足で高知県に向かっていた。

いま私にできることは、落ち込むことではなくて、この事業をもっと進めるための新しい情報を仕入れることだと思った。だからさっそく動き始めることにした。

なんのことはない、私自身、船団丸の仕事から手を引く気などさらさらなかったのだ。なぜって、このビジネスをやらなければ困るのは彼ら自身だ。それを果たすことが、私たちの役割だと思っている。

（そこに気づいてもらえるまで、そっとしておこう）

きっとまた「一緒にやろう」と言ってくれるはずだ。

さて、なぜ高知だったのかというと、高知県のある浜で「6次産業化」の前身のような事業が軌道に乗っているというニュースをテレビで見たことがあったからだ。

ニュースでは漁師が自ら釣ったカツオをたたきに加工して出荷していると伝えていた。その過程では漁協との対立などいろいろ苦労もあったそうだが、いまはうまくいっているという。

どうやってビジネスを軌道に乗せたのか、さまざまな問題はどうやって解決したのか。萩大島の私たちと共通する悩みもありそうだったので、現地で漁師たちから事情を聞いたり、事業をデザインしたコンサルタントの先生にもぜひ会ったりしてみたいと思ったのだ。

漁師たちと喧嘩したのはもっけの幸い。この機会を利用して、前々から気になっていた高知に行き、「６次産業化」のタネの事例を調べてこよう、と思い立った。

私は長岡との喧嘩もすっかり忘れて、意気揚々と四国行きのフェリーに乗り込んだ。

波が荒い日本海の萩の海と違って、瀬戸内海の海はのどかで穏やかだった。

こういう静かな海の漁師たちは、きっと性格も穏やかなんだろうなあ、とうらやましく思いながらも、久しぶりの休暇気分でフェリーの上でくつろいでいると、突然私の携帯が鳴った。

着信を見ると長岡だ。一気に現実に引き戻された。船団長は私が本当に荷物をまとめて萩を出ていったと勘違いしたようだ。

「お前、いま、どこにおるん？」

「え、なに？　なんの用事？」

「すぐ戻ってこい」

「いやいや、いま戻れんし。フェリー、出たばっかやし」

「そのフェリーはどこへ向かいよるんや」

「四国や」

「は？」

長岡はてっきり、私が萩をひき払って四国に向かったと勘違いしたのだろう。

何だか大声でわめいているので電話を切ると、今度は松原水産の社長の松原一樹が電話をかけてきた。

「お願いします。すぐ戻ってきてください」

彼らは私が本当に萩から出ていってしまったのかと、慌てふためいていた。私の前では「なんやこら、われ」と虚勢を張る彼らだが、ひとたび私が出ていくとなると、急に健気になるのだ。

しゅんとした声色で、借りてきた猫のようになっている漁師たち。こういうところが面倒くさくもあり、たまらなくいとおしい。

とはいえ、いまは漁師たちからの電話は置いておき、私は高知に着くと、さっそく先進的な取り組みを行っているという漁業者についてリサーチを始めた。

あちこち回って聞いた話は「萩大島船団丸」の事業にもおおいに参考になるものだった。高知の漁師たちも最初は漁協とぎくしゃくしたことがあったという。でもいまは自分たちが一番高く売れる市場に自由に魚を持っていき、価格決定権を得て、みんなが儲かっている、ということだった。

私が会いたかったデザイナーの先生は、いまは秋田にいるという話だったので、私はすぐに萩にとって返し、子どもをもう一度24時間保育に預け直して、その日のうちに今度はヒールのまま大雪が降る秋田に飛んだ。

雪国育ちの私が靴を選び間違えるほど、浮かれていた。

漁師たちと喧嘩して朝早くに萩を発ち高知に行き、その日の午後には萩にとんぼ返りして、子どもを預け、夜には秋田にいる。そしてデザイナーの先生に会って話を聞き、翌日は、豪雪の雪掻きも終わりきらぬ道を、宿の方のご厚意で駅まで送ってもらい始発で萩に戻った。

まさに目が回るような一昼夜であったことは、今でもはっきりと記憶に焼き付いている。同時に、こうした場面で本当にたくさんの方々に良くしていただき、たくさん助けていただいた。

漁師の涙

翌日、萩大島の倉庫に行くと、漁師たちが集まっていた。長岡は私の姿を見るなり、

「お前、どこへ行っとったんだ〜。こらあ〜」

と吠《ほ》えながらも、安心したのか大粒の涙をぽろぽろ流し始めた。漁師たちもほっとしたように私を見つめている。

私はみんなに高知と秋田に行った話をした。漁師たちは、

「え？　まじ？　高知？　秋田？」

とぽかーんとした顔をして私を見ている。

まさか、あのあと喧嘩別れした私が船団丸のために、高知や秋田まで飛んでいるとは誰も想像つかなかったのだろう。

驚いている漁師たちに、私は声をかけた。

「よその浜でも軌道に乗っているところはちゃんとあるけぇ。みんな、頑張ろうや。よそでできて、うちでできんことはなかろう」

そして私は半分自分自身に言うつもりで、漁師たちにこう言い聞かせた。

「私たちがやめたら、日本の水産はどうなる？　前例はないなら作る。前例を作ることが私たちの役割なんよ。私たちがやらなければ、いったい誰がやるの？」

話しながら、私は農水省に「六次産業化法」の認定申請をしたときのことを思い返していた。

それは2011年の3月14日、東日本大震災が起きた3・11の直後だった。

「東北の漁師さんに『大丈夫』って言ってあげられるのは、漁師であるあんたたちだけじゃないいん？　前例を作ってあげることこそが本当の意味での復興支援になるんじゃないんかな」

仲直りの印に、誰からともなく円陣を組み始めた。

「船団丸、頑張ろうや。おーっ！」

「おーっ！」

漁師たちの野太い雄叫《おたけ》びが船団の倉庫に響く。

こうしてさんざん喧嘩をしながらも、「萩大島船団丸」の6次化の事業は少しずつ軌道に乗り始めていった。

自家出荷を開始して早1年が経とうとしていた。

コラム①　荒くれ漁師の本音

光を見せてくれた〝悪魔〟

～長岡秀洋（萩大島船団丸船団長、58歳）

彼女と会った最初の印象は「きれいな人だな」というものでした。少し話をして、パソコンや書類作りに長《た》けている人だと思ったので、6次産業化の話が来たときに声をかけたんです。

最初は、私たちを救いに来た天使に見えました。でも関わるうちに悪魔に変わっていきました。本当にキツい人です。相手が男だろうと、年上だろうと全然躊躇《ちゅうちょ》せずに向かってくる。気の強さは半端じゃありません。

「こんちくしょう」と思って、大喧嘩になったこともたびたびです。だからといって「じゃあ、さいなら」「この事業、やめましょう」というところまでには行き着かない。

それは彼女の中の思いがまったくブレていないからなんです。私はブレます。ブレまくります。いままでも船団丸を「もうやめるんじゃ」「またやるんじゃ」「やめるんじゃ」と出たり入ったりしています。一番長くやめていたのは半年間ぐらいでしょうか。大手町の駅で大喧嘩して、半年間、職場放棄したことがありますから（第3章参照）。

いまでも腹が立つことはたくさんあります。でもみんなが彼女についていくのは、彼女は絶対にあきらめない。やると言ったらやるし、危機があっても必ず解決策を見つけてきてくれる有言実行の人だからです。

たとえば、私にとって忘れられない危機を救ってくれたのも彼女でした。自家出荷を始めて2年目ぐらいのときでした。巻き網の網を張るベテランの漁師が一度に3人やめたことがあったんです。やめた彼らの言い分は「仕事量が増えたのに、それに見合った給料には上がっていない」ということでした。

巻き網漁にとって網を張る漁師がいなくなるのは致命的です。要は私たちがいくら魚の群れを見つけてきても、網が張れないんですから。

巻き網の網はものすごく大きいものです。それこそ目に見える範囲の海全体に広げるくらいの巨大な網を張るにはベテランの技が必要です。そのベテラン３人に突然やめられてしまったら、たまったものではありません。あのときは本当に頭を抱えましたね。

そのとき、彼女は出張で東京にいたんですが、慌てて電話をかけて相談しました。

「網を張る船員が３人いなくなった。どうにかしてくれ」

すると彼女はひと言、ぱんと、

「そういう船員はもういらん！　一斤の食パンの中で一切れにカビが生えたら、全部に伝染するけぇ、腐ったパンはもういらん。私が新しい子をつれて帰るから心配せんで」

と言ったんです。心強かったですね。

言った通り、21歳の若者を東京でスカウトしてつれてきました。その子が漁師の経験は全然ないのに、センスがよくてすぐ仕事を覚えてくれたんです。その年の漁は、その子とあとは私の友人や経験者に助っ人を頼んで、何とか無事に終えることができました。とにかく彼女のおかげで助かった。さすがに「心配するな」と言っただけあって、優秀な子を見つけてくるもんだな、と感心したものです。

ここらの風習では、どんなに落ちぶれた漁師でも、上座に座らせるのが習わしです。

なぜなら漁師は一攫《いっかく》千金が狙えるからです。一晩で何千万円という水揚げがあることもある。落ちぶれた漁師でも、いつ億万長者になるかわかりません。海がしょっぱいうち、海が青いうちは、一攫千金のロマンがある。漁師にはそんな夢があるんです。

漁獲高が減ったとはいえ、私はまだ萩の海で夢を見られると思っています。俺らだってまだまだ捨てたもんじゃない、というところをみんなに見せたい。

その思いを、まったくブレることなく、一緒に追求してくれるのが彼女です。彼女が光を見せてくれた。

だからどんなに大喧嘩しようと、この〝悪魔〟と離れるわけにはいきません。怒鳴られ、叱られ、キツい言葉を投げつけられながらも、漁師の夢を実現する仲間として、これからも彼女と一緒にやっていきたいと思っています。

「お前の会社じゃろ」と活を入れられて～松原一樹（有限会社松原水産代表取締役、48歳）

私が代表を務める有限会社松原水産には会社の船が2隻あります。1隻は母船といって巻き網の大きな網を乗せる船です。もう1隻は運搬船です。残りの4隻は漁の期間だけ、チャーターしています。

大漁なら、1晩に2、3回、網を張って水揚げがあります。でも最近はめっきり魚が減って利益を出すことが難しくなってきました。最盛期には1億9000万円あった水揚げがどんどん減って、ここ数年は1億を下回る年が続いています。

この先、魚が減っていったら、船員の給料も払えないし、船の借金も返せません。他の船団では廃業するところも出始めています。私もとても不安でした。

そんなとき坪内が現れたわけです。最初に会ったときは、素直に「きれいな人だな」と思いました。

でも言うことは手厳しかったですね。現場のことは漁労長（※長岡のこと）にまかせていたのですが、坪内からは「お前の会社じゃろうが。ここの経営難はあんたの責任じゃ、夢を語れないのも、人材不足も全部あんたの責任じゃろ」と強く言われて、びっくりしました。

こんな小娘に言われたくないと思いましたが、確かに正論というか、的を射ているので、反論できませんでしたね。

いまでも思い出すのは、鮮魚ＢＯＸを始めた頃、カワハギのことで大喧嘩になったエピソードです。この辺の海がしけてまったく漁に出られなかったときに、1日目と2日目に鮮魚ＢＯＸが1箱ずつ注文が決まっていたんです。

それで坪内が苦労してよそから生きたカワハギを10匹仕入れてきました。「10匹しかいないから、5匹ずつ締めて、今日と明日、鮮魚ＢＯＸを出しておいて」という指示を聞いていたのですが、漁師たちが10匹全部締めて殺してしまった。

要するに2日目の注文に対応できないわけです。それを見た坪内が激高して
「大の大人がこんだけ揃って、5の数も数えられんのか、アホ！」

と怒鳴ったんですね。

そしたらうちの漁師が、

「5までは数えられるんじゃ、アホ！」

と言い返して大喧嘩になった。とにかくいつも彼女と漁師たちの喧嘩だらけで、仲裁するのが大変でした。

一番派手な喧嘩は、漁労長と坪内の大手町での事件です。漁労長がかんかんに怒って東京から戻ってくると、私に「わしは船団丸の事業をやめるぞ。お前らもやめんか」と迫ってきたのです。

漁労長は私たちも一緒にやめると思ったようですが、私は「あんたがやめるのは止めんけど、これから漁だけじゃだめだと思うから、わしらは続ける」と言ってやったんです。やっぱりこれだけ水揚げが落ちているのに、せっかく始めた6次化の事業をやめて、これから先に展望があるとは思えなかったですからね。それで正解だったと思います。

ぶっちゃけて言うと、６次化を始めても追いつかないほど水揚げが落ちているので、不安はあります。ようやくここ半年くらいになって、利益がそれほど出なくても、展望は見えてきたという感じになりました。

坪内がいろいろ事業を広げるよう頑張っていますが、私たちは現場でせいいっぱい頑張るだけです。目下の目標は新しい運搬船を買うこと。作業スペースの確保のために、最新の船は欲しい一方で、資源管理のためにも水揚げは最小限にしたい。だから、６次化によって高く売る必要があるんです。

彼女がいなければそんな発想もなかったわけですから、チャンスを広げてくれたという意味でも坪内に感謝しています。

私たちが成功して、このモデルを全国に広げたいと思っています。

第3章 漁師たちの反乱

入り口と出口をつなぐビジネス

Ａ４の顧客リスト事件と高知・秋田視察があってからまもなく、「萩大島船団丸」の取り組みが次第に雑誌やテレビで取り上げられるようになってきた。

あるテレビ局が農林水産省に漁業で頑張っているところを紹介してほしいと頼んだところ、６次化の認定事業者になっていたうちを紹介したという。

マスコミが飛びついたのは、漁業の「６次産業化」という話題より、漁師を率いる若い女ボスがいるというインパクトだった。

確かにまだ20代の若い女性が、荒くれた漁師を何十人も引き連れている様子は〝画〟になるのだろう。全国放送のニュースで映像が流れると、一気に注目度が高まり、マスコミの取材が殺到するようになった。

「萩大島船団丸」の知名度はまたたくまに全国区になっていった。

〝暴飲暴食営業〟の甲斐あって、直接取引できる飲食店も増え、顧客先は20件から半年後には１２３件まで膨れ上がったのである。

そこで私は思い切って、漁師たちに顧客の担当を振り分けることにした。いままでは私が営業の窓口担当として個々の注文や発送、クレーム処理までやっていた。

しかしその結果、私が新規営業で飛び回っているとき彼らは私が遊び歩いていると勘違いしたように、顧客先との交渉や事務作業も、彼ら自身まったくイメージができなくなっていたのだ。

（これではいつまで経っても、漁師たちが本当の意味で当事者意識を持てないのではないか？）

そんな危惧《きぐ》が生まれてきたのである。

漁師は余計なことをせず、漁に集中すべきでは？という考えももちろんあるだろう。

しかし、私たちが目指しているのは、生産者である漁師自身が、流通も、販売もすべて自分たちで行うという「６次産業化」だ。

自分たちが獲った魚がどのような物流を経て、消費者まで届くのか、営業や事務作業も含めて、その過程をすべて知り、体験し、自分たちでもできるようになってもらわなければ、この事業の継続も全国へ向けた水平展開もない。

まかせることで、時には顧客から叱られることもあるかもしれない。けれど、逆に褒められることもあるだろう。「あなたの獲った魚、とても美味しかったよ」と。そんなやりとりを通して、自《おの》ずと相手のニーズもわかるようになるはずだ。

そんな入り口と出口をつなぐビジネスを実現したいと思った。

一生、私が彼らに張りついていられるわけでもなく、50年先の未来も萩大島が漁業で生きていくためには、彼ら自身の手で「6次産業化」を進めて、それを次世代に継承していかなければいけない。

顧客対応や営業などまったくやったことがない漁師たちにまかせるのは不安なところもあったが、たとえ一時的に顧客を失っても、失った分の新規開拓は私が担えばいいだけだ。

（123件もあれば、たとえ減ったとしても何とか持ちこたえられる。それより彼らを育てるほうが大切。これは必要投資だ）

そう腹をくくって、まずは営業事務、次に顧客のフォローと漁師たちに仕事を割り振ってみたのである。

するとと心配した通り、漁師たちは取引先である飲食店の料理長とみごとに派手な喧嘩をおっ始めてくれたのである……。

〝船上の王様〟と〝板場の王様〟のバトル！

漁師も料理長も「俺は日本で一番の漁師だ」「俺は日本で一番の料理人だ」という誇りを持って仕事に取り組んでいる者たちだ。言ってみれば、〝船上の王様〟と〝板場の王様〟が角を突き合わすようなものである。すると当然、

「なにぃ？　営業の電話？　お前からしてこい」

「なにぃ？　注文の電話？　てめえからしてこい」

となるのである。

このままではらちがあかないため、私が両者の間に入ることになる。料理長には、

「すみませんね。漁師もまだ慣れていないんで、申し訳ないんですけど、注文の電話、入れてやってもらえませんか？」

一方、漁師たちには、

「料理長が萩の魚がええって言ってくれとるから、ちょっと悪いんだけども、一生懸命手当てして、出してあげてくれる？」

いちいち間をとりもって、お互いの顔を立てつつやるくらいなら自分でやったほうがよほど早いのだが、そこはこの事業を軌道に乗せるためには避けて通れない関門だった。漁師が喧嘩をするたびに、料理長にお詫《わ》びの電話を入れたり、関係修復に動くという毎日が続く。

１２３件あった顧客は、みるみる60件にまで減っていった。

クレームの嵐に携帯電話5台持ちで対応

対立は漁師と料理長だけにとどまらない。漁師たちが送る鮮魚ＢＯＸに、顧客からのクレームが増えてきたのである。

自家出荷を始めた当初は、鮮魚ＢＯＸの箱詰めには私が立ち会っていたので、クレームを未然に防ぐことができたものの、出荷作業を漁師たちにまかせるようになったとたん、あちこちからクレームが押し寄せるようになったのである。

クレームに対応するために、携帯電話５台・計10回線で、注文の電話を受けながら、クレームを処理し、漁師と料理長の喧嘩も仲裁する。

この電話は注文用。こっちの電話はクレーム用。この電話は大切なお客さん用で、こっちは新規の案件など、携帯電話によって使い分け、電話によって声色も口調も態度も変える。まさに坪内知佳が何人もいる、という状態だった。

クレームの多くは鮮魚ＢＯＸの魚の詰め方に関するものだった。

たとえば、箱に詰めるときは魚の目に気をつけなければいけない。というのも、店で鮮魚を姿造りの料理として提供するとき、魚の目はきれいなままでなければならないからだ。

ところが豪快な漁師たちはそんなことはまったく気にしない。あれよあれよという間に鮮魚ＢＯＸに魚を投げるように詰め込んでいく。

氷に関してはこんなこともあった。ふつう市場の出荷のやり方はビニール袋に氷を入れてその中に魚を放り込み、袋の口を縛って送る。

しかし、それだと袋の中で氷が溶けて水っぽくなり、魚が傷む。そこで私たちの鮮魚BOXでは、氷を袋に入れ魚と分けて梱包していた。

ところが、薄いビニール袋を使うと、とがった氷でビニール袋が破れて氷が外に飛び出してしまう。その結果、氷が溶けて魚がビショビショになってしまったのだ。

これではダメだと、氷に少量の塩を加えて溶けにくい状態にし、さらにビニール袋が破れないよう厚手のものを使うように工夫してみた。

しかし厚手のビニール袋だと縛りにくいので、手間がかかる。私がそばにいるときは、彼らも厚いビニール袋を使っていたのだが、私が営業に行ってしまうと、とたんに作業が楽な薄いビニール袋を使ってしまうのだ。当然、途中で袋が破けて氷が溶けだし、魚はビショビショ。すると魚が水に浸かり目がまっ白になってしまうのである。

受け取った料理長は、

「目が白い！　これじゃ姿造りに使えない」

とかんかんになって電話をかけてきた。

私が漁師たちに、

「この袋は使っちゃいけんって言ったじゃん」

と怒ると、彼らは今度は、

「氷が溶けんければ、袋が破れとってもビショビショにならんやろう。なら塩をたくさん入れよう！」

と塩をぶちまけて、今度は魚ごとまるまる凍らせてしまったのである！

料理長には水浸しになった魚の件を謝って、そこで次の日出した代品が、今度は魚ごとがちがちに凍っていて、やはり使い物にならない。

「これじゃ煮にも焼きにも使えない！」

料理長からまた怒られて、代品の代品を出すという、笑えないやりとりが続く。

「本当にガキの使いじゃないんだから」

「申し訳ありません」

「もう、こんな魚買ってもしょうがないから。だったら近所の魚屋から買うよ」

「本当に、申し訳ないです。代品、送らせてもらいますから」

「ほんとに、何考えてるのかしんないけど。こっちも忙しいんだから！　お客さん待ってるよ、どうしてくれるの!! だから最初に、『ちゃんと魚が届かない漁師直送は、あてにならないから要らない』って言ったんだ！」

いったい何度、料理長に頭を下げたことだろう。言い訳のしようもなかった。

死ぬほど失敗をした先にあった「完成形」

さらに大変だったのは、代品を出している事実をそのまま漁師たちに伝えられなかったことだった。というのも、代品を出していることがわかると、現場の漁師たちは、

「俺らの魚にいちゃもんつけたんはどこのどいつじゃあ！」

とすぐキレてしまう。

彼らは彼らなりに考え、眠い目をこすり一生懸命働いてくれたわけだから、頭ごなしに怒って彼らのモチベーションを下げてしまうことはしたくなかった。

だったら代品の分は、私が自腹を切って新しい注文があったように装って送り出し、そして少しずつ一緒に改善策を模索していけばいい、と思った。

ちなみに、この鮮魚ＢＯＸ問題は、試行錯誤の末、２年かけてようやく解決する。ビ

ニール袋が破けないよう、途中から角のない丸氷を使うことにしたのだ。

また配送中、魚が動いて内出血しないよう、緩衝材のエアクッションを入れたり、魚の血が染みて汚く見えないよう緑色の保鮮紙で包んだり……。

やがて、10回線あった電話を解約し、漁師たちに直接客対応をしてもらうことで、問題は少しずつ沈静化していった。

死ぬほど無駄を出し、何百個という代品を出して、ようやくいま出荷している形の鮮魚ＢＯＸに落ち着いたのだ。そうなるまでに丸々２年の月日が必要だった。

こうしたトラブル続きの日々をともに乗り越えてくれた料理長たちとは、いまも取引が続いている。いまでもときどきこの時期を思い出しては、そんなお客様のためにますますのクオリティで応えていかなくてはと思っている。

積もっていく漁師たちの不満

漁師たちが当初、まともに鮮魚ＢＯＸを作れなかったのも無理はない。いままで漁師は、魚を獲ったら港に持ってきて、市場に魚を揚げれば、それで仕事は終わりだった。

それこそ船から魚を降ろして、ガーッと一気にトロ箱（鮮魚を運ぶ大箱）に移せば、あとは市場が勝手にやってくれる。

漁師の仕事は魚を獲るだけ。それ以外の余計な仕事はやらないのが、漁師のプライドでもあった。

ところが「6次産業化」の事業を行うことになれば、獲った魚を自分たちで箱詰めしたり、伝票を書いたり、梱包したり、配送したりしなければならなくなる。つまり余計な仕事が増えるのだ。

彼らは徹夜で漁をしている。当然1時間でも早く家に帰って寝たい。誰だって徹夜明けに伝票書きやら、箱詰めやら、そんな面倒くさい仕事はやりたくないだろう。挙げ句、クレームの電話が鳴る。

こうして、漁師たちの負担が増えていく。そこからだんだんほころびが生まれていったのである。

ほかの船団の漁師たちは、港に船をつけると、魚を市場に水揚げし、あとはさっさと家に帰って眠る。

一方「萩大島船団丸」の漁師たちだけは違う。魚を水揚げしたあとも、浜に残って、鮮魚ＢＯＸの箱詰めや発送など、延々と細かい仕事に追われる。

しかしその割に給料は増えない。自家出荷はまだ始まったばかりで、水揚げの中の１割にも満たない売上しかなかったのだ。水揚げの減少が続く中、そこから漁師たちに分配できるほどの利益を上げるのはとても難しかった。

となると、漁師たちにとっては、面倒くさい仕事は増えるわ、給料は上がらないわ、眠いわ、早く家に帰りたいわ、クレームの電話は来るわで少しもいいことはない。

「なんでわしらだけ、こんな仕事をせにゃならんのじゃ」

「よそはみなとっとと帰っとるじゃろが」

過酷な海の仕事を終え、そのあとも働いてくれている彼らの言葉が痛いほど刺さった。

「お前、わしらに丸投げしたんじゃろ」

「私だって遊んでいるわけじゃない。販路の拡大をしたり、広報をやったり、経営者として戦略を立てて動いてる。歯車みたいに、みんなそれぞれの役割で一生懸命やるしかない。いまがふんばりどきやから」

自分たちの未来や日本の漁業を考えたとき、いまは少々つらくても、「6次産業化」に道筋を開いておくことは生き残りのためにはどうしても不可欠だった。

ただ、もともと海とともにその日暮らしで生きてきた漁師たちである。彼らにいきなり長期的な視点を持ってもらうのは思いの外難しいことだった。

反乱

漁師たちの不満は少しずつ積もっていった。当時、その個々の不満を上手にコントロールして未来に目を向けられるようにするのは、各船団にいる船団長や船団を持つ社長たちの役目となっていた。漁師のことは漁師にしかわからないからだ。

ところがその社長たち自身が、水揚げの状況の悪化と、思ったほど利益が出ない現状に不満をつのらせていたのだ。

あるとき倉庫に行ってみると、長岡と松原と松原水産所属の漁師しかいない。

「あれ？　ほかの2社は？」

と聞くと、長岡が、

「あいつら、やめたけぇ。もう二度と口きかん」

と怒りを滲ませている。鮮魚ＢＯＸをめぐって、長岡＝松原連合と、ほかの２船団の社長たちが対立し、「もうやってられん」と２社が脱退を宣言したのだ。

彼らは「６次産業化」の事業からは手を引き、魚をすべて市場に渡す従来の漁業のやり方に戻るという。

２社が不満をつのらせていることは前々から船団丸の重要な問題になっていた。何とか彼らを引き留めたい。だから何度も話し合いの場を設けたり、手紙を書いたり、必死に６次化の実現への思いを伝え続けた。

しかし私が行ったときは、もう漁師たちの間で話がついており、間に入っても元に戻すのは不可能な状態になっていた。２船団の社長からはあとで電話がかかってきて、

「わしらがいてもこの事業の足を引っ張るようになってしまうけぇ、応援しとるから頑張ってや」

ここまで彼らが腹をくくっているのなら、もう私ができることは何もない。

60人近くいた漁師たちのうち40人が2船団の所属、残りは松原水産の漁師たちだけ。総勢20人ほどだ。

3分の1の規模に縮小した「萩大島船団丸」の倉庫はいつも以上に広く見え、がらんとさびしく見えた。その間をすきま風が吹き抜けていく。

漁師たちは心配そうに私を見つめている。この先、自分たちだけで大丈夫だろうかとその目が語りかけているようだった。

私は意を決して声を張り上げた。

「いま、私たちに反対する人たちは出て行ってしまい、志を一つにする人間だけがここに残った。

逆にいえば、同じ未来を見る人間だけが残ったんだから、私たちで絶対に基盤は作れると思う。

歩くから棒に当たる。走るから転ぶ。すりむいて痛いのも骨折をするのもそれだけ速く走れている証拠。

波だって、下がったり上がったり、それをくり返すから船は前に進む」

彼らの背中を押すように、夢中で語りかけていた。

私を見つめる40の瞳がかすかにうなずいたように見えた。

「どんな歴史上の偉業も、最初は一人のひと言、一人の一歩から。私たちが必ず日本の水産の未来を作るんよ」

不安を胸に抱きながらも、誰もが前を向こうと心に誓った日。この日を境に、残った漁師たちと私の間で、絆が深まっていった。

残った者たちの意識が高まり、鮮魚ＢＯＸの完成度から顧客対応のきめ細やかさの質までみるみる上がっていった。そして50件にまで減った鮮魚ＢＯＸの顧客数は再び１００件近くまで回復していったのだ。

「６次産業化」の道を本当に志した者だけが、漁業の新時代を作ればいい。そうみなが覚悟を決めたのは、自家出荷を開始して2年少しあとのことだった。

5000万円の巻き網が破損した！

2社が去って、しばらくしたある日のこと、大事件が起きた。この日は奇しくも私の誕生日、朝方の4時頃だったと思う。萩の自宅にいた私の携帯が、狭い部屋中に鳴り響いた。

（こんな時間に誰だろう）

電話に出ると、切羽詰まった長岡の大声が飛び込んできた。

「大変じゃや、巻き網の網が何かに引っかかっとるけぇ、揚がらんようになってしまった。網が破けたら、漁ができんぞ。新しい網を買うのに5000万はかかる。そんなお金はどこにもありゃせん。どうしたらいいんや」

どうやら操業中に巻き網が引っかかって揚がらなくなってしまい、船の上から慌ててかけてきたようだ。たしかに一大事である。

「5000万じゃぞ、5000万！　そんな金は松原水産にも船団丸にもどこにもないぞ」

とあいかわらず長岡は絶叫している。私は眠い頭で必死に考えをめぐらせた。

いま、長岡は船の上で動転している。まずは長岡を静めなければ、ほかの漁師たちにも動揺が広がる。私はつとめて冷静な声で長岡を落ち着かせた。

「ふーん、そうなん。それじゃ、すぐにはできんかわからんけども、どうにかするよ。落ち着いて、まずは船員全員、ケガをさせずに連れて帰ってきて。浜で待っておくけえ」

その声を聞いて長岡はほっとしたようだ。

「わかった」

彼は船団長だから、船の上では何があっても堂々としていなければいけない。だからこそ、部下の前では冷静を装い、こっそり私に助けを求めてきたのだろう。

船団長の長岡が弱音を吐けるのは、私を含めてごく一部の人間だけだ。彼が助けを求めてきたら、喜んで受け止めてあげるのが私の役目である。反対に私が困ったときは、彼に受け止めてもらわないと困るのだが。

私は夜明けを待って、すぐに動き出した。網が破けて使いものにならなかったときのために、巻き網をリースしてくれる船主を探し始めたのである。幸いにして網は修理すれば使える状態だったので、リース会社の出番もなく、大事には至らなかった。

このことがあってから、漁師たちの私を見る目が少し変わってきたように思う。何が起きても坪内知佳が受け止めてくれる。そんな信頼感ができあがったように思うのだ。

のちに長岡もこのときのことを雑誌のインタビューで答えていた。

「私は船団長ですから、私がうろたえたり、テンションが下がったりすると、現場も混乱する。だから船の上では何かあっても自分は『俺にまかせとけ』という空元気を出していないといけないわけです。でも本当は心の中で『どうしよう』と焦っている。そんなとき、私の心を受け止めてくれるのが彼女の存在なんですね。

実際、すぐに網をリースできるよう動いてくれて、実現の必要はありませんでしたが、そういう段取りも作ってくれました。『やれない』のと『やらない』のとでは全然違います。

彼女はこちらが何か言えば必ず動いてくれる信頼感がある。私が求めている完璧な答えは出ないにしても、何か形にしてくれるから、その意味でも彼女の存在は大きかったと思います」

ようやく漁師たちと磐石《ばんじゃく》の絆が築けたと私は思った。

だがそれは甘かったのである。

船団長の脱退危機

船団丸にとって最大の危機、長岡の脱退が起きたのは、２船団が去って半年ほど経った頃のことだった。

その日、私は船団長の長岡と若い漁師の小西貴弘と３人で東京に向かっていた。ちょうど東京の取引先で商談があったのと、水産庁主催のフォーラムで「萩大島船団丸」の事例報告をする用事があり、３人で東京に出張することになったのだ。

この頃になると、私は漁師たちを積極的に東京や大阪の出張に連れ出すようにしていた。私に漁師の仕事は難しいから、常時「萩大島船団丸」にいられるわけではない。

この事業の全国への水平展開を見越せば、いずれは私に代わって、彼らに営業や商談をやってもらわなければならないときがやってくる。そのためには、飲食業界がどういう仕組みになっているのか、営業の最前線を肌で知ってほしかった。

しかし、漁師のかっぱやつなぎを脱いで、堅苦しいスーツを着込み、都会の人込みの中に出るのは彼らにとって大変なストレスだったに違いない。

とくに長岡は道中から機嫌が悪く、3人の間にいつも以上にピリピリしたムードが漂っていた。

得意先を回って、そのあとフォーラムに出席し、講演を終えて、懇親会に移ることになった。会場には全国からさまざまな水産業者や漁業関係者が参加している。

名刺交換や立ち話がさかんに行われていたときのこと。長岡があるグループと話をしていた。

彼らは養殖の生け簀《いす》事業を進めている人たちだった。一方私は、その直前に行われたシンポジウムで、自然体系を壊しかねない養殖事業に反対の立場を明確に表明していた。

少なくとも、美しい自然が残る萩大島で養殖事業を行う計画はまったく頭になかったのである。

ところが長岡は、彼らから、

「資金は全部こちらが持ちますから、試験的に萩大島で生け簀を据えつけたらどうですか」

と言われると、いとも簡単に、

「いいっすよ」

と答えてしまっていたのである。

あとで長岡は、

「ただの酒の席じゃろが。お愛想で返事をしたまでじゃ」

と言うのだが、懇親会はただの２次会でも、飲み会の席でもない。関係者が交流する公式の場なのだから、そこには養殖事業の会社の役員もいれば、関係者もいるし、生け簀を据えつける技術者もいる。

そういう場で、船団長という立場にある長岡が「いいですよ」と発言するということは、「萩大島船団丸」として、養殖の計画に「イエス」の決済を与えたにも等しい。

大手町駅で大喧嘩に発展

私は慌てて長岡の会話を止めに入った。

「ちょっとやめて。それはないけぇ。勝手に言わんとけや」

一瞬でその場の空気が凍りついた。みなびっくりして私と長岡の顔を見ている。長岡としては、衆人の目の前で、私にメンツを潰されたと感じたのだろう。

確かに私ももう少し長岡のプライドに配慮すべきだった。彼にとって私は、便宜的な船団丸の代表にすぎない。事実、現場では経験も知識も彼が上だ。しかし、このときは長岡の発言を訂正するのに必死で、そこまで気が回らなかったのである。

案の定懇親会場を出た長岡は、顔をまっ赤にして怒っている。歩きながらも怒って私につっかかってくるのだが、私が無視して相手をしないで小西と一緒に歩いていると、とうとう地下鉄の大手町駅のホームで怒りを抑えられなくなった長岡は、激高し始めた。

それで大喧嘩になってしまい、ホームにいた人たちがみなびっくりして私たちに注目するほど派手な口論が始まってしまうのである。

実はこのあと、私たちは３人でお客さんのところに行かなければいけなかったのだが、長岡は完全にぶち切れて、

「俺、もう自分で帰る！」

とわめいている。

「勝手にせい」

そう言って、その場に長岡を置き去りにすると、さっさと電子マネーを使って自動改札をくぐった。お互いにカーッとなったときは離れるのが最優先だ。

「おい、もう帰るぞ。お前はどっち来るんよ」

と長岡が部下の小西に呼びかけている。小西はどうするのかな、と思ったら、

「すいません。団長」

と言いながら、私のあとについてスルッと改札を出てくるではないか。

このとき小西は小西なりに必死に頭をめぐらせていた。自分が船団長についていくと、〈坪内〉vs.〈船団長＋船団員〉になってしまい、私が「萩大島船団丸」から孤立してし

まうと思ったというのである。

船団長の部下である自分が私の元にいて、何とか両者の橋渡しをして事態を収拾させようと思ったのだと、あとで小西は私に話してくれた。


そんなこととはつゆ知らず長岡は、「この裏切りもの！」と小西に対しても怒り心頭である。自分一人ホームに取り残されたまま、右も左もわからず、怒りのボルテージはさらにあがっていく。


あとで雑誌の取材に、長岡はユーモアたっぷりにこう答えている。

「わしらが東京へ行くってのはアメリカに行くようなもんやから。切符1枚、どうやって取ったらいいのか、ようわからんわけよね。それをあいつら、パッと逃げて、改札のところで、パンと機械が閉まってしまって、もうわしが出られんようになってしまって。小西はわしを見捨ててあっちへついていったわけよね。

わしは自分で帰ると言ったものの、まずどうやって外に出るかもわからんわけ。改札の機械はパンパンしまるし、出方もわからん。ほんでもう、外に出るのに15人くらいに聞きよったよ。やっとの思いで外に出て、そっからはタクシー止めて、ホテルの名前言ったら、それはすぐそこだと言いよる。いや、もう金あるけぇ、いくらでも出すけぇ、そこまで行ってくれて頼んで、ホテルにようやくたどり着いて。

次の日、朝６時に出て、一人で切符も買えて、やっとの思いで萩にたどり着いたわけよ。人間、やればできるもんやね」

ストライキの終わり

この〝大手町事件〟を境に、長岡はぷっつり船団丸の仕事に出てこなくなった。船団長として現場の漁には参加し、指揮も執っていたが、港に魚を水揚げしたら自分だけさっさと帰ってしまう。

現場にはしばらく微妙な空気が流れていた。長岡をホームに置き去りにして、私についてきた小西は漁師たちから仲間外れになるのでは、とひそかに心配したのだが、そんなことはなかった。

というのも、松原水産の社長である松原一樹やその弟の三樹《みき》が小西の味方になってくれたからだ。大手町から怒りまくって一人萩に戻ってきた長岡は、怒りにまかせて松原たちに「6次産業化」の事業をやめて、船団丸を解散しよう、とまで提案したという。

でも松原たちの答えはNOだった。

せっかく進めた自家出荷の事業をここでやめてしまうのはもったいないし、このまま漁だけ続けても、萩大島の未来は開けない。

それが彼らの答えだった。一枚岩になった感じが嬉しかった。

長岡のストライキは半年ほど続いただろうか。

彼が「萩大島船団丸」の活動に戻るのはNHKから福島復興サポーターとして、出演の打診が来たときだった。向かう先は、いわき市の四倉《よつくら》と小名浜《おなはま》だ。

海をなくすつらさは、漁師にしかわからない

あの大地震が東北地方を襲った日、なすすべもなく津波に呑まれる船や港の光景を見て、私たちは凍りついた。

6次化の事業計画書を提出したのは、2011年3月14日のこと。とても人ごととは

思えなかった。居ても立ってもいられず、いますぐ支援に飛んで行きたかった。実際、漁師たちの中にも、すぐに現地に行って瓦礫《がれき》処理のボランティアをしたいと申し出るものもいた。

でも同じ漁師として、もっとほかにできることがあるのではないか？

漁師の気持ちがわかるのは同じ漁師しかいない。その漁師ができることは、衰退する「家業としての漁業」ではなく、安定してお金が稼げ継続できる「企業としての漁業」を自分たちの手によって確立し、日本の水産業の明るい未来を示していくことではないか？

私は彼らに言った。

「海をなくすつらさ、海に出たいのに出られないというつらさは、どんなに考えてもおそらく私にはわからない。でも私には毎年漁獲高が激減して、どうしようと途方にくれているあなたたちと、海を失った東北の漁師さんたちが重なって見える。

だから、被災したその漁師さんたちのために、６次化のモデルを完成させて、復興のモデルを示すのがあんたたちの役目なんじゃないの？　瓦礫処理に行くよりも、あんた

筆者が描いた船の絵。船団長・長岡は、それを自分の船に飾っている

たちにはあんたたちにしかできない復興支援があると思う」

そのとき、諸手《もろて》を挙げて賛成してくれたのが、ほかでもない長岡だったのだ。

被災した漁師のために同じ漁師が頑張る、というモチベーションを一番強く持っていたのが彼だった。

半年ぶりに長岡に電話をすると、彼は意外にすんなりテレビの出演を引き受けてくれた。彼の中にも、東北の漁師たちへの思いと、やり始めた「6次化」の事業を途中で放り出すわけにはいかない、という責任感があったのだろう。

テレビ出演をきっかけに、長岡は「萩大島船団丸」に戻ってきた。半年間の長い〝ストライキ〟を経て、ちょっと恥ずかしそうに、長岡はみんなに頭を下げている。そんな姿を見て、一番ほっとしていたのは現場の漁師たちだった。長岡の不在をずっと支えてくれた松原水産の副社長・松原三樹の存在も大きかった。

漁師には親分が必要だ。私がどんなに頑張っても、漁師たちの親分にはなれない。漁師の気持ちを一番よくわかっている長岡が現場に戻ってくれて、やっと「萩大島船団丸」は一つにまとまった気がした。

コラム②

荒くれ漁師の本音

島の温かさ、漁師の厳しさ～松原三樹（有限会社松原水産副社長、42歳）

この間、坪内と何人かで東京のお客さん先を回らせてもらいました。鮮魚BOXを納めているフランス料理の店に行って、生まれて初めて高級なフレンチのフルコースを食べさせてもらいました。

自分らが獲る魚が想像と全然違う料理になって出てきて、こんなふうになるんだ、と驚きましたね。やはり獲ったものが最終的にどういう形になるのか目の前で見せてもらうと、これから漁をするときも気持ちが違ってきます。

数年前、最初に彼女が私たちのところに来たときは、いったい何者じゃろう、と思いました。言い返すも何も、彼女が何を言っているのかもよくわかりませんでした。ただ、私らにはずっと危機感があったので、何かしてくれるんだろうか、と期待はしました。

年々目に見えて数字が落ちてきていたんです。魚群を見つけるのが大変になったし、見つけても昔のように大きな魚群じゃありません。魚の値段も下がりました。このまま続けていたら大変なことになる、という不安はずっとありました。

島でも一本釣りをしていた人が漁師をやめて、ほかの職についたり、巻き網をやっていた人がタンカーの船員になったり。島の人口も減りましたね。一家で島を出ていく島民もいました。

だから坪内が来ていろいろ始めたときは、これに乗ってみようと思いました。とはいっても、面倒なことも増えました。

まず、見学や取材やいろんな人が島に来るので人づきあいが増えました。

それに漁師になりたいと新しく入ってくる若い子たちにいちいち仕事を教えなければなりません。新しい子が来るたびに、また最初から教えなければいけないので、それも大変でしたね。ぼうっとしていると巻き網の網に巻かれたり、海に落ちたりと、危険なことも多いんです。事故が起きないよう、しっかり見守っておいてやらないといけません。

最初は言葉が通じないんです。私らは島言葉や漁の専門用語で話します。たとえば「ロープをゆるめろ」というのを私らは「ロープをのばせ」と言うんです。「のばせ」と言われてもすぐにはわからないでしょう？　後ろのことを「とも」と言うんですが、「とも来い」と言われても、何のことやら。

海の上ではつい口調が激しくなって、島言葉が飛び交います。そういう環境になじめない子はすぐやめていきますね。

でも基本的に萩大島の人は穏やかです。萩市内に住んだほうが便利ですが、私はせわしない町よりのんびりした萩大島のほうが好きです。

この島の漁がいつまでも残ってほしい。そのためにもこの挑戦は続けなければいけないと思っています。

人が優しい萩大島だからこそできること～長岡宏久（43歳）・広治（55歳）

私たちはずっと島で漁だけで暮らしていました。海は一攫千金の夢があります。昔は一年のうちに何回も大漁があったそうです。1日に1000万獲れて、それが10日続けば1億です。やめられないですよね。

私たちが漁を始めてからは、そんなにすごい大漁はありませんが、それでも8年くらい前に、別の船団で3億水揚げしたことがあったそうです。経費は4割くらいですから、仮に半分と仮定しても、1億5000万円は手元に残る。いい仕事だったんですね。

だから一攫千金は漁師の夢で、それは多分、全国みんな一緒だと思います。ただそればかり追いかけられる状況ではなくなってきたんですね。漁だけじゃなく、新しいことを始めなければいけない。その必要性はずっと感じていました。

彼女が入ってきたとき、私らは男ばかりだったので、まるで一輪の花が咲いているように華やかに思いました。ところがその〝花〟がいろいろうるさいことを言うわけです。

抵抗がなかったわけではありません。

でも実際問題、彼女が言っていることもわかるし、やりたいこともわかる。あとは結果が本当についてくるのか、という問題だけでした。なかなか結果が見えないので、若いものたちは不満がつのってくる。それをフォローするのが僕らの役目でしたね。

ふだんの声がけとか、ちょっとした冗談を交えて会話したり、よほど不満がたまっているときはジュースを買ってやったり、洗脳ではありませんが、いろいろ話してやったり。

もともと萩大島の人は優しい気質です。警察官が島にいないということからもわかるように、それこそ若い子がちょっとでも悪いことをしたら、よその家のおっさんでも自分の子のように叱ります。地域が子どもを育てるという風土があって、人に優しい。その風土があるから、よそから来た若者でもなじみやすいんじゃないでしょうか。

その優しさがどこから来たのかというと、漁師は運命共同体だからなんです。危険な仕事だからこそ、お互い助け合わないとやっていけません。人に優しくないと、自分が助けてもらえないから、というのもあると思います。

彼女の場合も、最初はただのビッグマウスかと思いましたが、自分のためではなく、人のために頑張っているというのが本当に見えるので、やっぱり芯にあるのは優しさなんでしょうね。

第4章

心をたばねる

はみ出すエネルギーを持った若者たちが船団に加わる

「萩大島船団丸」の事業が軌道に乗り始めると、人手の確保が課題になり始めた。とくに2船団が抜けてしまってからは、慢性的な人手不足が続いたのである。

しかしこの人手不足の問題は萩大島に限ったことではない。いま漁師の人手不足は日本の各地でも深刻になっている。

年々魚が獲れなくなる漁師の仕事を見限って、都会に出る若者たちが増えている。漁師の家に生まれたら漁師になるのが当たり前だった萩大島でも、家の跡を継がない子どもたちが増えていた。

人口1000人だった萩大島はいま人口が710人まで減り、その多くが高齢の方だ。とくに海の広大な面積に網を広げて、魚を群れごと囲い込む巻き網漁では、若い人がいなければ網が揚げられない。

「萩大島船団丸」の事業を続けていくためには、若い人材が必要だった。

私は後継者を確保するため、全国からIターン募集を始めることにした。その結果、毎年1人ずつ、多いときで3人の新人が入ってきてくれた。

「萩大島船団丸」はいま総勢18人の漁師のうち、7人がよそからやってきた若者である。ほかの船団と比べると、〝よそもの率〟と〝若者率〟が飛び抜けて高いのがうちの船団の特徴になっていった。


とくに「萩大島船団丸」がテレビのニュースや雑誌、新聞に取り上げられるようになってからは、船団丸の漁師になりたいという問い合わせも増えた。

大卒、帰国子女、学歴はないけれど芯のある子……採用するのは優秀だと見込んだ子ばかりだが、中には事情を抱えた子もいた。

家庭環境からぐれてしまい、アルバイトさえまともに続いたことがない子、若いうちに家族をなくした子、引きこもりがちだった子、就職試験に失敗した高学歴組などいろいろな背景を持つ若者がやってきた。

多様な人材を受け入れ、それぞれの立ち位置で彼らに活躍してもらいたいと思うのは、私自身がこれまでの人生で失敗を重ねてきたからかもしれない。世の中で生きづらい若者を一人でも多く採用することが、世間への恩返しのようにも感じていた。

彼らの話をよくよく聞くと、どうしようもない事情を抱えていたり、彼らなりにささやかな夢や意地を持っていたりした。

彼らの中には、「ふつう」を求める一般企業では表面的に判断されて、採用が難しい者も確かにいるのかもしれない。

けれども彼らのはみ出したエネルギーにこそ、漁業を変える大きな力が宿っているのではないか。そして、自分がこの船団丸という居場所をもらったように、彼らにとってこの海が新しいふるさとになればいい。

彼らと話を重ねるたびに、そんな思いが強くなっていった。


当然ほぼ全員に漁師経験はなかった。

入社後、彼らは一様に先輩たちから怒鳴られ、あごでこき使われる関門をくぐることになる。そこで怖《お》じ気《け》づいてやめてしまう子もいるが、やめない子はちゃんと仲間として受け入れられ、たくましく成長していく。

なぜなら漁師の結束は、ほかのどの職業より強いからだ。

昔から漁師の世界は〝板子《いたご》一枚下は地獄〟といわれている。海の上では、みなで力を合わせて助け合わなければ、命を失う危険がある。その厳しい状況が、一致団結したチームワークを育てていく。

そして育った環境も抱えている背景もてんでんばらばらの人間が仲間に加わることで「萩大島船団丸」はさらに強い組織に変化をとげていった。

「こんな人間もいるんだ」という多様性への理解が組織に刺激と活力をもたらしたのである。

頭でっかちの新人の育てかた

もっとも新しく入ってくる人間は、最初からスムーズになじめたわけではない。彼らはさまざまな場面で軋轢《あつれき》を生んでいった。

古くからいる漁師たちと新人たちとの人間関係は、最初からすんなりうまくいくはずもなかった。

中でも手を焼いた新人の一人が小西貴弘である。小西は私が漁師のIターン募集を始めて、一番初めに入ってきた若者だった。船団丸のチャーターメンバーである。和歌山県の国立大学の経済学部を卒業した彼は、大阪で行われていた就業フェアでふらっと私たちのブースにやってきた。

「1次産業の6次化に興味があります。日本の水産業には未来があります」

と夢を語り、その聡明な瞳に私たちも頼もしい新人が入ってくれたと期待が高まった。彼は大卒で頭もよく、理屈から考えたいタイプだった。

しかしその分、私たちの言うことを素直に聞いてくれない。これまでの人材と違ったタイプだったため当初は大変苦労した。

とにかく理屈が好きな男で、メモ帳とペンを持って私を追いかけ回す。

「この間は、代表、こんなことを言いましたよね。これとこれはちょっと矛盾してるんじゃないですか」

とか、

「これはどういう意味ですか。それだと理屈が通らないいんじゃないですか」

とか、いちいち重箱のすみをつつくような細かいことを指摘してくる。

子どものピアノ教室まで追いかけてきて、

「それはいったいどういうことですか」

と食いついてきたときには、

「お前、マジふざけんな。なめとんのかコラ！」

とあまりのしつこさに堪忍袋の緒が切れたこともある。

そんなある日、ある若い漁師から、

「小西がこんな本を読んでいるんです」

とぼそっと告げられた。

その本のタイトルは『漁師とは』といったものだった。私はびっくりしてしまった。漁師たちがいる前でその本を読んでいたというのだ。

本には「漁師は気性が荒くて、言葉が通じない」とか、「論理的に説明してもわからない」などというとんでもない記述もあったようだ。

小西はその本を読んで、私に、

「漁師って、こういう人たちなんですよね。だから代表はいつも喧嘩してるんですよね」

と確認してきたのである。

まだ漁に出るという体験もそれほど積んでいないのに、実体験から入らずに、いきなり理屈から入る小西の姿勢に、私は思わず声を荒らげてしまった。

「小西、お前は失礼だと思わないのか。漁師たちの目の前で、そんな本を読むなんて。ほんと、まじやめろ」

小西は何を怒られたのかがわからず、きょとんとしている。頭がよくて、何でも理詰めで理解しようとする分、現場の機微がわかりにくかったのだろう。

小西の育て方をめぐって、長岡や松原と一晩中電話で話をしたことも1度や2度ではない。ただ、てこずった分、それほど育てがいがある新人だったとも思う。

あえて大きな立場を与えてみる

小西とは声が枯れるほど言い合いをした。船団長の長岡ともよく喧嘩をしたが、おそらく私が一番喧嘩をしているのは小西だろう。

考えてみれば小西と私が出会ったのは、彼が24歳、私が26歳。たった２歳違いの若くて未熟な２人がぶつかるのだから、当然といえば当然だった。

あまりに小西の扱いが大変なので、私は先輩の経営者に相談したことがある。すると彼からこんなアドバイスを受けたのだ。

「坪内さんは相手に自分の主張をぶつけるばっかりで、相手の言うことを聞いてあげていないでしょう？　押して押して押しまくっても伝わらないんだから、引いてみたらいいんじゃないの？」

なるほど、と反省した私は、翌日小西を呼んで、自分が考えていることを正直に打ち明けようと思った。

「私は萩大島の漁業がこの先１００年経っても、ずっと存続できるように頑張ってやっているんよ。そうすることが日本の水産業を元気にすることだと信じてるから。やっぱりここにおる人間が率先してそれをやらにゃいかんと思うし。だからなんとしても『萩大島船団丸』のブランドを確立して、自家出荷の事業を成功させたいんよ」

そして小西に仕事をまかせたい、と思い切って提案をしてみることにした。

「小西さあ、お前も日本の水産業を元気にしたいんなら、お前に流通まかすけぇ。流通部長になってもらえんやろか」

「代表の言っていた意味がわかりました」

小西は松原水産の中でも下っぱで、当初、みんなにあごでこき使われていた人間だった。

初めの頃は船酔いがひどく、船上であまりに吐くので使いものにならなかった。にもかかわらず、仲間に「もう休んどけ」と言われても、「大丈夫です」と言って休まずに、漁の作業を手伝ったのである。

彼は理屈だけではない、根性がある男だった。自分のすべきことの意義を彼自身がしっかりと頭で納得さえしていれば、どこまでも力を注いでくれるのだ。

だからこそ、彼の力を信じたいと思った。

「流通部長」という肩書をもらうと、今度は漁師たちから、

「なんでお前が部長なんや」

「お前、いつからそんなに偉くなったんじゃ」

と風当たりが強くなったが、小西はめげなかった。その肩書にふさわしい仕事をしようと必死に働いてくれる。

地位が人を作るというが、小西はその典型だった。


小西が入って2年後のこと、ある日、彼がトコトコと私のところに走り寄ってきた。そして私の耳元で、

「代表が言っていた意味がやっとわかりました」

とささやいたのである。

（はあ⁇）

頭でっかちで理屈っぽい小西が、いったい何を言い出したのか。さっぱりわからなかった。あとで彼から聞いたところによると、

「代表の言うことはクエスチョンの部分も多いけれど、言っていることは間違っていないし、結果も出してくれる。代表についていけば、自分の正義も貫けるということがわかったので」

と言うのである。

多分、彼の中では、自分がやっていることが日本の水産業の未来や社会貢献にどう役立っているのか納得できずに、ずっともやもやしているものがあったのだろう。

それが、いろいろな実践や私たちとの議論を経る中で、「やはり、これをやっていけば間違いない」という確信に変わっていったのだ。

その日を境に、小西は人が変わった。

以前は、少しでも自分が得をすることばかり考えているように見えたし、人のためには1分でも1円でも犠牲にしたくないという自分本位の主張をしていた。

でもいまは、自ら進んで萩大島の漁業や漁師の未来のために、働いてくれている。

彼の中に「水産業の未来のために」という正義が確立したのだ。

いま、小西は私の右腕として船団丸になくてはならない存在になっている。あいかわらず理屈っぽい性格で、私が何か言うと「いや、でも、それは」と必ず反論してくるが、そういう〝プチ反対勢力〟がいてくれるおかげで、私は自分をふり返るきっかけにもなる。経営においても強力なパートナーとなっている。

いろいろな個性を持つ人間の集まりだからこそ、何かあっても柔軟に対応できる組織の強さが育まれていくのではないか、と思った。

漁師の母として、リーダーとして

小西の活躍によって、漁師たちの間にもよそものに対する抵抗が次第に薄れていった。むしろ後継者も不足しているのだから、よそから萩大島に来て住みついてもらうのはありがたいことだと発想が変わっていったのである。

小西のほかにも、大卒で船団丸に入り、漁師になった人間が3人いる。そのうちの2人は結婚して、家庭を持った。うち1人は子どもが生まれ、2016年からはローンを組んで、自分で漁船も購入している。

巻き網漁ができない時期、彼は自分の船で漁に出て、自由にイカやタイを獲っている。彼は海が大好きだ。彼こそは、島で生まれた漁師以上に漁師らしい若者といえるだろう。「萩大島船団丸」の事業を通して、しっかりと萩大島に定着し、骨を埋《うず》めようとする者が出始めたのである。

また、こんな若者もいた。

あるとき、東京出張中だった私の携帯電話が鳴った。時刻はもう夜中に近い時間帯である。着信を見ると、知り合いの料理長からだった。

「どうしても明日、会ってほしい子がいるんだ。そいつはいま悪い奴らから追われてて、逃がす場所が欲しいんだよね。そっちで引き取ってもらえないか」

ときどき、お客さんから「こういう子を雇ってもらえないか」という依頼が飛び込むことがある。私は、

「うちはちゃんと仕事が続く子じゃないとダメですよ」

と念を押す。

「わかってる。とにかく会ってやってくれないか」

そこで、翌日、その子に会うと、彼は料理長に言われたのかきちんと履歴書を持ってきた。でもその履歴書が1枚ではない。何枚もあるのである。

要するに、いままで長く仕事が続かなかったのだ。仕事をやめてばかりいるので、職歴の欄が1枚の紙におさまり切らなかったのである。私は、

「君、どうして山口に来たいの？」

と人生相談さながらに、まずはその子の半生を聞いてみたくなった。

実は、彼は早くに母親を亡くし、苦労して生きてきた若者だった。

「僕にはいま、なんの夢もありません。でも死んだお母さんが僕を産んでよかったと思ってくれるような人間になりたいんです」

投げやりなところもある反面、一生懸命生きようとするピュアな一面があった。

（こういう子にこそチャンスをあげたい）

その日1日、彼を私の営業に同行させることにした。そして萩の海で獲れた魚がどう

いうところに送られて、どんな料理長がそれを待っているのか、しっかり現場を見てもらったのである。

真剣な仕事の現場を見て、少なからず彼は感銘を受けたようだった。

萩に行って漁師をしてみたいという気持ちを見せたので、私は彼に山口までの新幹線のチケットを持たせて、その日は東京駅で別れた。

彼がその気になれば、チケットを換金して逃げることもできただろう。あるいは山口まで行っても、別に船団丸を訪ねなくてもいいのである。彼には彼の自由がある。

しかし、彼は萩大島までやってきて、松原水産の松原社長に「よろしくお願いします」と頭を下げた。

「俺、マジ女の社長、認めないんで」

あれから、かれこれ3年半が経った。いままでアルバイトさえ2カ月と続いたことがない二十歳そこそこの彼は、すっかりたくましい漁師になり、「萩大島船団丸」に欠かせない一員に成長していた。

先日も突然私の携帯に電話してきて、

「俺、マジ女の社長、認めないんで」

と生意気なことを言い出した。

「お前、女が気に入らんのだったら、男の親方と一緒に一生懸命仕事せい」

と言って、電話をブチッと切ってやったが、そんな反抗もできるくらい、自分自身に自信がついてきたともいえる。

そんな彼がある日、真面目な顔でこんな相談をもちかけてきた。

「俺、夢が見つかりました。イタリアのシチリア島に行って、料理の勉強がしたいです」

私が、

「いいんじゃないの。奨励金、出したげるよ」

と言うと、

「えっ、いいんですか？　俺、クビになるかと思った」

と驚いた表情である。

もし私が、母を亡くし職場を転々として、人間不信になりかけていた彼の立場だったら……。周囲に、こんな母親のような言葉を言ってくれる大人が現れたら、きっと私は救われる。

けれど私が子どもの頃は、周りにそんな大人はいなかった。だからこそ、私はそんな大人になりたいと思った。彼が夢を目指せるなら、それが未来につながるなら……。人の成長こそが、世の中や会社の〝元気〟を作る源である。

こんなふうに、まだ二十歳そこそこの若い子を預かると、まるで母親のようにいろいろなことをしてあげたくなってしまう。部屋のカーテンをつけてあげたり、家電や日用品の買い物につきあったり……。相手からは煩わしく思われることもあるのだろうが、自分ができうる限りで人に与えたくなってしまうのは、漁師たちから学んだことでもある。

こんな未来いっぱいの、可能性しかない若者たちがここには集まってくる。私は船団丸の未来を担う若い彼らの成長が楽しみで仕方ないのだ。

コラム③

荒くれ漁師の本音

自分のために生きろと言われて、決心する～鈴木彰馬（22歳）

僕は、前職は美容師のアシスタントでした。手に職をつけたほうがいいという両親のすすめもあって、美容師のアシスタントになり、2年半くらい美容室に勤めていました。でも人間関係とかいろいろ難しいことがあって、美容師になるという自分の気持ちも冷めてしまったんです。

そんなとき、漁師体験に行ったことを思い出しました。もともと萩大島には縁があって、中学生のとき学校の職場体験で萩大島の漁師体験をしているんです。それに昔から自分は魚料理が好きですし、地元の萩で働きたいというのもあって、漁師になりたいという夢が膨らんできたんです。

一度市場に見学に行ってみたら、自分がいままで見たことがない世界があって、感動しました。朝早いのにこんなに活気があるし、働いている人たちがかっこいいな、と思えました。

それで半年間、考え抜いて、漁師になる決心をしました。親からはずいぶん反対されましたけれど、僕の人生ですからね。

ここに入るとき、長岡さんと坪内さんから言われた言葉が印象に残っています。

実は僕は兄を亡くしていて、その兄が魚料理が好きだったので、その兄との思い出を大切にするために美味しい魚を提供したいという思いがありました。

でも長岡さんと坪内さんから、

「お前は兄ちゃんのために生きてるんじゃない。自分の人生をどう生きるのか、まずそれを見つけることを目標にしよう」

と言われたのが心に刺さりました。その言葉がこの船団に入るきっかけになりました。

まだ本格的な漁には4、5回しか連れていってもらってないんですが、想像以上にキツイ仕事でした。とくに揺れる船の上でバランスを取るのはけっこう厳しかったですね。

終わったあとはあちこちが筋肉痛になっていました。

でも先輩たちはみんな格好よくて。海の上では誰もが真剣な顔をしているんです。下手したら死ぬかもしれない職業ですよね。いままでそんな仕事を見たことがなくて、漁師ってすごいなと素直に尊敬できました。

船団丸の中では僕が一番新人なので、先輩たちに教わりながら、技術をマスターしていきたいと思っています。僕はいままで客商売をしていたので、お客さん対応は慣れています。いまは漁以外に注文のやりとりなども少しずつさせてもらっていますが、これからもいろいろな仕事を覚えて、最終的には自分の船を持ち、自分で稼げるようになるのが目標です。

水産の未来を変えるスケールの大きな夢が持てるのが魅力

～小西貴弘（萩大島船団丸流通部長、29歳）

大学で経済学を専攻していたこともありますが、日本の産業構造、とくに1次産業に興味がありました。萩大島船団丸の自家出荷の話を聞き、こういう新しい取り組みをしている会社は面白いなと思ったのが、入社するきっかけになりました。

入社した頃は、まだ組織も何もできていない状態でしたが、新しい風を起こそうとしているのだから、それぐらいは当たり前だと思いました。海の上の作業にしても、船酔いすることを除けば、それほど難しいものはありませんでした。毎日海に出るわけでもないので、漁業未経験者でも十分できる仕事だと思います。

ただ、自分としては漁業に重きを置いて学んでいくのか、それとも鮮魚の販売事業に重きを置いて学ぶのか、どういう方向性で行けばいいのかが一番悩んだところです。両方できればいいのですが、それほど器用な人間ではないので、戸惑いがあったのは事実です。いまは販売のほうをやっているので、そちらを重視する形になっています。

入社してから、いろいろなことがありました。たとえば例の大手町事件のあと、団長(長岡船団長のこと)が半年間、販売から抜けたことがあります。

鮮魚BOXの中身を決めたり、魚を立てる(詰める)やり方もすべて団長におんぶに抱っこのところがあったので、最初は大変でした。でも団長が抜けたことで、逆に自分たちが成長する余地が生まれたのかな、とも思います。

それに団長もこっそり自分たちにアドバイスをくれていたんです。身がかたい魚とやわらかい魚を一緒に入れる入れ方とか、見栄えのいい並べ方とか。そういう技術的なことは団長しか習得されていない部分もあったので、私から坪内代表に相談しました。団長が現場にいないのは、企業として損失なのではないかと。

半年後に戻っていただけたときは、ほっとしましたね。

この仕事のやりがいは、夢があることです。世の中の常識として、成功者になるにはいい大学に入って、いい会社に入って、すごい経歴が必要だという見方があると思いますが、ここではそんな常識は通用しません。

本人の頑張り次第でいくらでも道が開けるんだということを、坪内代表自身が示されているわけですから。

日本の水産の未来を変える。水産に携わる人みんなが幸せになれる。そんなスケールの大きな夢が持てるのがこの仕事の面白さです。

自分がほかの漁村にコンサルタントとして指導に行くこともありますが、そこの漁師さんたちから自分たちのやってきたことを参考にしてもらえると、もっと頑張らなきゃいけないな、と使命の大きさを感じます。

ファーストペンギンの勇気と責任～阿部成太（23歳）

私は埼玉県の都会から萩大島にやってきました。ある暑い日のことです。漁協の売店でアイスクリームを一つ買おうとしました。するとおじいさんから「君、漁師だよね？　アイス1個だとみんなに分けられないよ。暑いのはみんな同じなんだからほかの人にも買ってやんなよ」と言われて、衝撃を受けたのです。漁師たちはこうやって助け合ってきたんだと、あらためて萩大島の人たちの優しさや絆の深さを知った思いでした。

その日、私は小分けできるアイスを買って、みんなに配りました。とても喜んでもらえたとき、田舎で暮らす幸せをしみじみとかみしめることができた気がしました。

私は大学院進学を目指しながら、就活も並行して進めていて、ＩＴ企業や金融系など複数の企業から内定をもらっていました。ただ、大学では水産経済を学んでいた関係もあって、水産に関係する仕事につく夢を捨てきれませんでした。

坪内代表とはフェイスブックを通じて知り合い、商談の現場を見せてもらえたことがきっかけで、萩大島船団丸に入る決意をしたのです。商談では坪内代表が漁協職員や県や市の職員を従えて、ひるむことなく強気で話を進めていました。その姿に圧倒されるとともに、正攻法で水産の未来を切り開いていこうとするやり方に惹かれたからです。

私の夢は水産資源が枯渇しないよう持続させ、最適な再分配のシステムづくりに貢献したいというものです。その目標をかなえる意味でも漁師の現場を知ることができる萩大島船団丸の仕事は面白いと考えました。もっとも入ってみて、これほどガッツリ漁師の仕事をさせられるとは思ってもみませんでした。海の状況によって当日突然休みになり、昼間時間をもてあますという経験もしました。正直言って、都会の埼玉に帰りたいと思うこともあります。

でもここには都会にない夢があります。坪内代表が話してくれたファーストペンギンの話が私の心に焼きついています。ペンギンは臆病な動物なので、海にも群れで入るのですが、海の中にはシャチやアザラシ、サメなど恐ろしい敵がたくさんいて、なかなか入ることができません。そんなとき勇気ある1羽が海に飛び込むのだそうです。すると、あとからみんなが続いて飛び込みます。

ファーストペンギンがいなければペンギンたちは海に飛び込めない。だから最初の1羽は群れの生存を左右する責任も担っているわけです。そのファーストペンギンになるのが、萩大島船団丸の役割だと代表は言うのです。

まだ誰も経験したことがない未知の海に飛び込もうとしている萩大島船団丸。その試みに、私もファーストペンギンの一員として貢献したいと思います。

第5章

強く、熱い風になる

株式会社の創業へ

事業が安定し始めた２０１４年、私は「萩大島船団丸」に加え、さらなる事業拡大のために複数の事業部を増やし、「株式会社ＧＨＩＢＬＩ《ギブリ》」を設立した。

「ギブリ」とは、サハラ砂漠から地中海に向かって吹く熱風のこと。

海に向かって吹く、強く熱い風。私たちにぴったりだと思った。

国の認定事業者でもある「萩大島船団丸」にはいろいろな制約があり、漁業を離れた活動が自由にできない。そこで、もっとさまざまな可能性に挑戦できるように、別ブランド（事業部）を作りたいと思ったのだ。

漁業だけではいつか限界を迎える日がくるかもしれない。そのために、家業的だった漁業を企業に進化させたい――。

私はＧＨＩＢＬＩに鮮魚販売部門、旅行部門、環境部門、コンサルティング部門の四つの事業部をもうけ、未来に向けた布石を打つことにした。

鮮魚販売部門はいうまでもなく、鮮魚ＢＯＸを中心とした「萩大島船団丸」ブランドの販売だ。鮮魚や加工品を開発したり、流通、販売している。仕入れ先は、いまは萩大島の松原水産を中心とした萩市内からがメインだが、鹿児島、北海道、福井にも展開を始めている。将来的には全国のほかの生産地からの「６次化商品」も扱おうと思っている。

こうした生産者とのネットワークやコラボレーションが「萩大島船団丸」のビジネスチャンスを広げてくれている。

また旅行部門では、全国から「萩大島船団丸」の視察に来たいという団体や組織のニーズに応えている。

想定以上だったのは、この取り組みで漁師たちの人情が存分に発揮されたということだ。

東京では何万円もするような獲れたての魚を漁師たち自らでさばき、振る舞う。魚の種類も豊富だから、サービス精神が旺盛すぎて、いつも作りすぎてしまうほどだ。

彼らは参加者の前で、漁の現状をユーモラスに、ときにシリアスに語ってみせる。

参加者たちは、漁船に乗って離島に渡り非日常をたっぷり楽しんだうえ、萩の魚や漁師の人柄に感動して帰って行く。

自分が得をするよりも、人に与えたい――。そんな精神が新しいビジネスに結実していったのである。

ＧＨＩＢＬＩの環境部門では、不要な本を寄付してもらって、それを現金に換え、被災地の復興支援に回すことにした。

環境事業は資源の有効活用や環境保護につながり、事業を通して雇用にも貢献できる。これから先、海の環境保護を考えていくときに、私たちが環境事業を持っていることが、必ず何かの役に立つと思った。

ちなみに、漁師たちは社内禁煙を徹底してくれ、かつては当たり前のようにやっていた、海へのタバコのポイ捨てもやめた。いまは、海の清掃活動も行っている。

コンサルティング部門では、私たちがどうやって6次化の事業を立ち上げ、運営しているのか、そのノウハウを全国に展開していくための試みを行っている。

専属のコンサルタントとして、「萩大島船団丸」の現役漁師を派遣。すでに長岡や小西、鈴木はコンサルタントとしての立場で依頼先の漁協や自治体に呼ばれて、指導を行っている。

今後は顧問先に「萩大島船団丸」の漁師を専任コンサルタントとして一人ずつつけることも実現できるかもしれないと思っている。

漁師のことは漁師にしかわからない。それを生かして、実践を積んだ現役の漁師を全国の浜に派遣するのだ。これほど最強のコンサルタントはいないと思う。

そして彼らが育てた漁師が、その地でリーダーになり、６次化を進めて、各地の水産業を元気にしていく。

これこそが本当の「地方創生」につながっていくのだろう。

そして彼ら一人一人が、50年後の漁業を守る礎《いしずえ》になってくれるはずだ。

漁師たちが食いっぱぐれないための仕組み

ＧＨＩＢＬＩを起業した理由は、実はそれだけではない。

なぜ私が「萩大島船団丸」とは別に株式会社を立ち上げたのかというと、現実的な問題として漁師たちの収入を安定させたかったという理由がある。

萩大島の漁師たちは船団を組んで行う巻き網漁で生計を立てている。しかし巻き網漁は9カ月間しかできないため、禁漁期間中は収入がない。確かに豊漁だった時代にはそれでも十分暮らしていけた。

でもいまは違う。出稼ぎに行ったり、アルバイトで補わなければとても生計が立てられないのだ。それどころかこのまま漁獲量が減り続ければ、漁業で生活するのさえ難しくなってしまう。また、禁漁期間の副業が漁業離れを誘発している。要は、副業が本業になってしまうのだ。こうした問題は全国で起きている。

彼らが将来も継続して安定した収入を得て、家族を養っていけるように、私はＧＨＩＢＬＩからも給料が出るような仕組みを作りたかったのだ。

つまり漁業期間中は松原水産の社員として給料をもらい、漁業ができない禁漁期間はＧＨＩＢＬＩの期間雇用社員として、月給をもらう。

こうすれば、年間を通じて安定した収入が得られる。

しかしそのためにはＧＨＩＢＬＩとしてしっかり利益を出さなければいけない。

そのために、「萩大島船団丸」の仕事は漁師たちにまかせることにし、私は一時、ほかの部門立ち上げの仕事に主軸を置いて活動していこうと思った。

私は魚が獲れない分、できる限りのことをやっていきたいのだ。

死なない限り、「失敗」なんて存在しない

あるときＧＨＩＢＬＩの多角化について、経済誌の記者からこんな質問を受けたことがある。

「漁業の６次化だけでも大変なのに、さらに多角化で事業展開することに不安はないんですか？　失敗したらどうしようという恐怖はありませんか？」

と。

漁協と戦ったときもそうだが、「なぜ怖がらないのか？」と多くの人が疑問を持つらしい。

私にとって、すべてのことは目的に到達するための通過点である。何かうまくいかないことが起きても、それは失敗ではなく、プロセスにすぎない。

すべては歩いている途中の出来事である。富士山に登るときは、途中で坂道があったり、石につまずいたりする。でもそれは失敗とはいわない。たんなるプロセス、途中の出来事だ。だから何かトラブルが起きたとしても、当たり前のこととしてスルーすればいい。

むしろ、全力で走っているからこそ、たくさん転ぶし、骨も折れる。血が出たら、自分たちが頑張っている証拠として誇りに思っていいのだ。

もし「失敗」があるとしたら、それは途中で私が死んでしまうことだろう。でも自分が生きていて、目的に向かって歩き続けるのをやめなければ、0・001ミリでも頂上に近づいていることになる。だから「失敗」はありえない。

もし「失敗」とか「恐怖」とかが頭をよぎったときは、とにかく行動すればいい。そうすればすぐにそんなモヤモヤとした心境は消えていく。そして「やるだけ」というシンプルな目標が目の前に見えてくる。

その結果、たとえ何か大きなトラブルがあったり、うまくいかなかったとしても、それは仕方がないではないか。

人は死なない限り、必ず一歩ずつ前進しているのだ。

まず、目の前の人を大切にする

よく人から「萩大島船団丸」の経営理念は何ですか、と聞かれる。スタートが「あんた、パソコン得意やろ。書類作ってよ」という安易なことだったので、最初は私たちの中に立派な理念らしいものはなかった。

しかし、この事業をやりながら、だんだんに固まってきたものがある。とくに初期、くり返しみんなで言っていたのは、目の前にいる人を人として大切にしようということだ。

多分、最初にそんな言葉が出始めたのは、鮮魚ＢＯＸにクレームがつき出した頃だったように思う。

クレームの原因のほとんどは、お客さんを見ていないところから始まっている。

お客さんを目の前にいる人だと想像して大切に思えば、その人が食べる魚を足で蹴飛ばせるはずがないし、我が子が食べると思えば、その魚の上でタバコを吸えるはずもない。

鮮魚ＢＯＸに「10匹入れてほしい」と言われているのに、９匹しか入れなかったり、反対に「11匹入れときゃ、文句ないだろう」といういい加減な入れ方をしたりすることもできないはずだ。要は、使う人・買う人の立場に立つことが重要なのだ。

粗い仕事が当たり前だった漁師たちに、客商売の大切さをわかってもらうために、クレーム処理をまかせ、「目の前にいる人だと思って大切にして」と私が言い出したのがきっかけだった。目の前にいる人を大切にするというのは、人の立場に立って考えるということでもある。

もし自分が料理人だったら？

お客さんだったら？

腰が曲がったおばあさんだったら？

ランチやディナータイムの料理店の忙しさ、大雨の中わざわざ高いお金を払って食べにくるお客様の気持ち……。そんな想像力をみんなが持てば、人間関係のトラブルは格段に少なくなる。一人がみんなのことを考えることで、チームとしての動きがスムーズになるはずだ。そうすれば、たとえ事業を進めるうえで困難が生じても、みんなで力を合わせて、解決策を見いだすことができる。

萩が生んだ、明治維新の指導者を育成した偉人・吉田松陰《よしだしょういん》にこんな言葉がある。

「至誠にして動かざる者は未だこれ有らざるなり」

もともとは孟子《もうし》が残した言葉を、松陰が萩の松下村塾をはじめとして、維新を成し遂げた多くの若者に伝え残したものである。

誠を尽くして動かなかった者は、いまだかつていない――。

誠とは、誠実さのことだ。相手を思う優しさや想像力、嘘をつかないまっすぐな心のことだ。

漁師、漁協関係者、料理長、そして消費者……。それさえあれば、どんな困難があっても必ず人は動いてくれる。

萩大島船団丸の代表になってから、たくさんのハードルを越え、時には喧嘩もしながら、私は改めてこのことを実感している。

人はみなサイズの違う歯車

この事業をやりながら、私自身が確信を強めたことはほかにもある。

それは、人はみなサイズが違う歯車だということだ。

事業を始めたばかりの頃、私は自分とあまりに立場も考え方もかけ離れた人たちとのぶつかり合いに疲労困憊《こんぱい》していた時期があった。

あるとき、私と息子と母と祖母の4人で温泉旅行に行ったことがあった。その道中、私は車の中でずっと携帯電話でやりとりをしっぱなしだった。時には声を荒らげたり、時にはこんこんと言い含めるように、延々と漁師たちと話していた。

横でやりとりを聞いていたうちの母親が「異星人同士で話をしているみたいだね」と感想をもらした。

要するに、互いに言葉がまったく通じない。価値観も育ちも知識も環境もすべてが違いすぎるのだ。意見の相違を埋めるために、延々と4時間、5時間話して、結局、対立の原因はなんだったのかというと「だってなんか気に入らないんだよね」とか「お腹がすいて腹が立ったんじゃ」とか「虫の居所が悪かっただけじゃ」という生理的、感情的な問題だったことがわかると、さすがに私も「この話し合いはなんだったんだ」とお手上げに感じたこともある。

でもさんざん漁師たちとぶつかる中で、「人はみんな違うんだ」「違ってもいいんだ」ということが実感として感じ取れるようになってきた。自分を簡単に変えられないように、人も容易には変わらない。

だとしたら、人も自分も変わらないままで、サイズの違う歯車がどうかみ合って動いていくのか、その組み合わせを考えるほうが先だということに気がついたのだ。

あるときから、私はみんなに歯車の話をよくするようになった。

人はみな、色や形やサイズ、立ち位置が違う歯車だ。私は私で頑張るけれど、私という歯車の色やサイズは変えられない。一人で頑張っていても、何も動かせない。でもそんなとき、サイズが違うほかの歯車が来てくれたら、カチッとかみ合って、何かが回り出していく。

そして自分が回れば、隣の歯車も回り出して、その横の歯車も回り出す。たとえ小さな歯車でも、その一つが動けば、次々に歯車が回り出して、それが世界を変える大きな動きになっていく——。

誰もが「ギア」になれる日が来る

でも、「誰かがやってくれるだろう」と自分が動かなければ、そこで動きが止まってしまう。

だから、「とにかく動いてくれ」と私はみんなに言い続けた。形もサイズも大きさも違ったままでかまわない。誰かに合わせる必要はないから、とにかく自分がいまいる場所で、自分のできる力を尽くして動いてくれればいい。

よく「自分は女だから」とか「年寄りだから」とか「学歴がないから」とか、自分という歯車の色や形やサイズを言い訳にして、動かない人がいる。でもそうすると結局そこで力が伝わらなくなるので、誰かがそれを埋めるために過剰に動かなければならなくなる。

だから自分はどんなにちっぽけでも、力がなくても、女であろうと、男であろうと、学歴があろうとなかろうと、その人が与えられているそのポジションで、自分の役割を百パーセント果たすという生き方をしなければいけないと思ったのだ。

「いや、俺、馬鹿ですから。何もできません」と最初からあきらめて、動こうとしない漁師もいた。

そんなとき私は「バタフライ効果」の話をするようにしている。ブラジルで１羽の蝶が羽ばたいて空気をかき混ぜたら、その翌月、テキサスで竜巻が起きるというアメリカの学者が唱えた理論だ。

蝶の羽ばたきは微々たるものだ。でもその動きがあったから、周りの空気が次々とかきまわされて連動し、１カ月後にはテキサスで竜巻を起こす大きな動きに変わっていくのである。それが「バタフライ効果」の理論だ。

私はこの言葉が大好きだ。私たちが萩大島でやっていることはブラジルで１羽の蝶が羽ばたくくらいのちっぽけなことかもしれない。

でもその動きが、いつかは日本の水産業を動かすくらいの旋風になるかもしれないのだ。さらには地球の反対側に伝わって、大きな嵐をまき起こす可能性だってある。

それもこれも、すべては1羽の蝶の小さな羽ばたきから始まっている。蝶が羽ばたかなければ可能性はゼロのままだ。でもわずかでも羽ばたけば、その動きが連鎖して、やがて竜巻になるかもしれない。

「お前が動かなければ、何も始まらんのよ。お前が当事者なんよ」

私はくり返しみんなに言っている。

こうやって話し合いを続けることが「経営」ということなのかな、と最近思うようになった。

サイズの違う歯車を組み合わせて、調整し、動かしていく。

どの歯車も、はみ出したり外されたりすることのない「ギア」へ。

そのために延々と話し合う〝経営〟という営みは現在も進行中である。

厳しい現実の中に見えた可能性

「萩大島船団丸」の6次化事業とGHIBLIの多角的な事業で得られる収入を原資に、今後は最新の船を購入したり、漁の機械化にも資金を投入し、漁業での売上と6次化の売上の両方を伸ばしていきたいと考えている。

現在、魚の水揚げは自家出荷を始めた頃の半分まで落ち込んでいる。そのまま何もしなければ、漁師の収入も半分になっていたことだろう。

しかし、船団丸はいま、出稼ぎに行かずとも、例年並みの年収を維持することができている。

鮮魚BOXの販売高が約10倍に伸びたり、GHIBLIの利益も上がってきたことで、水揚げのマイナス分をカバーし、漁師の給料を固定給として維持することができている。つまり6次化の事業と多角化があることで、水揚げが減っても、安定した収入が確保できる道筋ができたのである。

大漁のときには3ケタのお金も手にできた羽振りのいい時代を知っている年配の漁師たちにとっては、確かにいまの船団丸の給料は不満かもしれない。

でも時代は変わっているのだ。

巻き網漁期間中の売上目標は1日200万円。500万円もあれば大漁である。しかし最近は1日100万円もいかない日もたびたびだ。一度船を出すと、燃油費や人件費などで最低でも130万円はかかるため、平均するとギリギリのラインだということがわかるだろう。漁業はこれほど追い詰められているのだ。

「海が青いうちは、俺らは生きていけるんじゃ」

それが萩大島の漁師たちの合言葉だった。海さえあれば食いっぱぐれることはないと、彼らは信じてきた。

私が何度口を酸っぱくして、

「このままじゃ、萩大島の漁業はじり貧だよ。なんとかせにゃ」

と言っても、最初のうちは、

「だって、わしら、船あるし、家もあるし、野菜作っとるし、魚獲れるし、困らんし」

と耳を貸さなかった漁師も多かった。

「給料は増えんのに、仕事ばっかり増えて、やっとられん」

と不満たらたらの時期もあった。

でもそれから2年経ち、３年経ち、５年経って、ようやく、

「あんとき、あんたが言っとった意味がわかったわ」

と言い出す漁師が増えてきた。

「海が青くても、魚はおらんのう」という現実に直面して、「６次産業化」に踏み切らざるをえない現状を、身をもって感じてくれているのである。

１００年後も、魚があふれる青い海を見るために

いま、海はギリギリの状況だ。しかし、どんなに魚が獲れなくなっても、日本に刺身文化は必ず残ると固く信じている。

たとえ漁獲量がいまの10分の1になったとしても、鮮魚ＢＯＸを10倍の値段で私は売る。１００分の1になったら、１００倍の値段で売ればいい。その値段で買ってくれるお客さんを私は必ず探してくる。

そのために営業の私がいるのだし、そのために自分たちで価格が決められる自家出荷に踏み切ったのだ。

これが旧来のように漁協や市場まかせだと、相手の言い値で引き取ってもらうしかない。利幅が薄くても、せいぜい仲買に文句を言うくらいだ。

でも自分たちで直接魚が販売できれば、必要としてくれて一番高く買ってくれたり、大切に無駄なく使ってくれたりするところに、自由に魚を持っていくことができる。どんなに魚が減っても、刺身を食べたい人は必ずいる。獲れた魚が売れないことはない。

漁師たちが獲った魚を、一番高く、納得できる相手に売る。そのために、高付価価値化に取り組む。

その仕組みを萩大島で確立し、全国の浜に広げたいのだ。

私には夢がある。それは日本中の浜が元気になることだ。水産業が昔のように活気を取り戻し、漁師たちの笑顔が戻ったらどんなに素晴らしいだろう。

そして漁師たちを元気にしたら、そのノウハウを第1次産業全体に広げたい。

いまは農林水産の行政は県ごとにバラバラになっている。漁業だけではない。林業、農業もバラバラだ。それを一つにまとめて、萩大島でのノウハウを導入し、日本の1次産業を元気にする。横のつながりを作ることで、経済基盤である1次産業から日本の経済の復興に貢献したいのだ。

すでに私が名刺交換した人たちは1万人を超えている。役所による縦割りの行政ではなく、生産者や消費者も含めた横軸でのネットワークで、新しい仕組みを作り上げていくことは十分可能だと感じる。

人脈をつないで、食の安全や自然保護、ひいては地球規模で資源管理の問題に取り組んでいけば、それこそ魚がいっぱいいる青い海、豊かな作物が実る緑の大地が未来に実現するのは夢ではない。

これから私は、少しずつ萩大島の現場にいる機会が少なくなるだろう。すでに私の活動は全国に広がりつつある。

商流さえ確立できれば、「萩大島船団丸」の商品は日本にとどまらず、全世界へ広げることができる。

私が地元にいない分、萩大島にいる漁師たちには本業の漁以外の仕事が増えていく。それを「面倒くさくて嫌だ」と後ろ向きに考えるのか、「水産業の未来を開く一歩だ」と前向きにとらえるのかは、彼らの当事者意識にかかっている。

小さな羽ばたきが、世界を変える

世の中を変えていくのは現場しかない。萩大島で生まれた漁師たちと、私がIターン募集で連れてきた若者たちが、異なる歯車をかみ合わせて、それぞれの立場でいろいろな人を巻き込みながら、この事業を大きく育てていってほしい。

そしてさまざまな場所で同じ思い、同じ理念の人たちが現れて、いつか本当に日本中の浜が同じ思いになって、日本の漁業を盛り上げていく。さらには、世界中の海に携わる人たちが一つになってこの青い海を守っていける世の中になることを、私は本気で信じている。

人は死んだら無になる。自分が生きた記憶も痕跡もなくなってしまう。でも自分たちが作った仕組みや理念がずっと受け継がれて残っていくとしたら、それこそが自分がこの世に生まれてきた意味があったといえるのではないだろうか。

萩大島という小さな島で私たちが始めたのは、ほんのちっぽけな自家出荷という事業だった。その小さなバタフライの羽ばたきが、世界中の漁業を変える大きなムーブメントに変わっていく。夢のような話だ。

私たち一代ではとても無理かもしれない。でも思いを受け継ぐ若者たちにバトンを渡し、未来につないでいけば、決して夢物語ではない。

そして、１００年後には、世界中に魚があふれる豊かな海が存在している。

そんな壮大な夢を見ながら、私は萩大島の漁師たちとこれからも小さな一歩を進めていく。

コラム④ 荒くれ漁師の本音

大卒で漁師に。副業として、自分の船を持ち、操業する～永井陽（38歳）

僕は関西の大学を卒業したあと、しばらく国家試験の勉強をしていました。でも26歳でそれをあきらめて、介護職に就き、地方の特別養護老人ホームで働いていました。介護職はやりがいもあって、自分としても満足していたんですが、3年ほど勤めたあと、体を壊してしまったんです。

そのとき思ったのが、どうせ一度しかない人生なら、自分の好きに生きたいということでした。実は僕は、自然を相手にする漁師の仕事に憧れていて、20代のとき一度萩大島に来たこともあったんです。そのときはまだ体制が整っていなくて、漁師になるのをあきらめたのですが、再度挑戦して、萩大島の漁師体験に参加しました。

そしてそのときお世話をしてくれた漁師さんから紹介してもらったのが、松原水産だったんです。

いざ漁師になってみたら、一人で自由に魚を獲るイメージとは違って、巻き網はみんなで協力して漁をしなければなりません。最初は「島言葉」がわからず、船の上での指示も聞き取れなくて、なじむのに苦労しましたね。でもみんなで水揚げを喜ぶ集団作業の良さにも惹かれました。

ただ、漁をやっていくうちに魚の流通に疑問を感じるようになりました。萩のスーパーに行っても僕らが獲った萩の魚がないとか、いい魚がたくさん獲れても、単価が安くてお金に換わっていかないとか。

いろいろ矛盾を感じていたときに、坪内が入ってくれて、「自分たちで魚を販売して、収入を上げていこう」と言われたんです。萩大島の漁業を変える新しいことを始めるんだ、という趣旨にものすごく納得できました。

だからいろいろなことがあっても、僕自身はずっと代表の考えに賛同していたんです。

3年前、僕は萩の女性と結婚して島に移住し、子どもも2人生まれました。家族を持った以上、生活の基盤をきちんと築いていかなければいけません。それで2016年、借金して、自分の船を持ったんです。巻き網漁がないときは、自分の船を出してイカ釣りなどの漁に出ます。

自分の船があれば、自分が獲った分だけお金になるので、ものすごくやりがいを感じます。まさに僕が若い頃イメージした自由な漁師の仕事を実現しているわけです。

ただ、自分の船の水揚げだけでは不安定で、とても生活ができません。それをしながらいまもちゃんと生活ができるのは、代表が船団丸のために安定した収入源を確保して、僕らに月給を支払う仕組みを作ってくれたおかげです。

自分の船を持って漁業の収入を得ているのは、船団丸の中では僕だけですが、そういう特殊事情を許してもらえるのも、柔軟なこの船団だからなんでしょうね。

いまを大切に生きる先に未来が見える（23歳、匿名）

神奈川県で職人見習いをやっていたときに、代表に面接していただきました。最初

「大島」と聞いたので、地図で調べて伊豆大島かな、と思ったら山口県だったのでびっくりしました。

都会から萩大島に来ましたが、島の人たちに本当に優しくしてもらえました。「ご飯食べてるか？」とか心配してくれたり、「これ食べるか？」とお米をくれたり。島全体が一つの家族みたいで、いろいろ面倒をみてくれたのがありがたかったですね。

でもふだんは優しい人たちも船の上になると、形相が変わるんです。陸《おか》の上では穏やかな人が、沖に出ると怒鳴り声をあげて。最初はびっくりしました。

でも海の上はそれくらい危険で緊張感を持っていないと危ないんです。真夜中なんかは、ライトがついていないと、本当に真っ暗ですし、海に落ちたらまず助からない。その中で魚を探して獲るというのはすごい仕事です。足が地面についているというそれだけでもありがたいことだと感じられます。

漁師の仕事のやりがいは魚がたくさん獲れたときです。網を入れても１回で５万円くらいしか魚が獲れないときもあるかと思うと、一晩で１０００万円くらいの水揚げになることもあります。

大漁のときは、網について浮いている浮き玉が魚の重さでぐわーっと海中に沈むんです。網を引き上げると、まるで海から魚が湧くみたいに、ぴょんぴょんはねて魚が上がってきます。船に積んでも積んでも魚が尽きなくて、本当にびっくりします。

僕は昔は夜更かしして遊び歩いていましたが、いまは明日の仕事のために早く寝ようというふうに考えられるようになりました。仕事が人生の糧になってきているんです。こんな経験は初めてです。

いつか家族ができたときでも、自分一人で家族を養っていけるくらいの経済的に安定した仕事を作り上げ、一人前に認められるようになったらいいですね。昔、夜遊びばかりしていた自分がこんなことを言うなんて考えられません。

いま「萩大島船団丸」はいろいろなことに挑戦しています。

この商売が大きくなるために、いまからやっていかなければいけないことがたくさんあります。僕たちがいま一日を大切に生きていく先に、何かが見えてくるような気がしています。

第6章

命を輝かせて働くということ

病弱で劣等感しかなかった幼少期

「萩大島船団丸」の代表を務めていると、「萩大島の出身ですか?」とか「家は漁業関係ですか?」と聞かれることがある。

でもこれまで書いた通り、私は漁師の生まれではない。もちろん萩大島の出身者でもないし、山口県の人間でもない。私は萩大島とは縁もゆかりもない福井県の生まれである。

そんな私がなぜ萩に来ることになり、萩大島の漁師たちとめぐり合うことになったのか、私自身のことを最後にお話ししようと思う。

私は、福井県の事業家の家に生まれた。祖父が繊維と不動産業で成功し、財を成したという。祖父は40代前半で病死したが、祖母や一族が事業を継承し、私の父も保険業やレンタル業を営む経営者だった。

私と妹は事業が当たり前の環境で育ち、世間的にみれば、裕福な家庭で何不自由なく暮らしていた。

でも、私は幼い頃からそんな環境にずっと違和感を抱いていた。

（こんな生活が長く続くはずがない）

漠然とした危機感がずっとあったのだ。

いつも「知佳ちゃんちは違うね」と言われながら、どこか友人たちとは距離があった。そのせいか当時は根暗でいじめられっこ。体も弱く、運動会ではいつもビリで、幼い頃は常に劣等感と隣り合わせで生きてきたように思う。

いつしか私は、早くから福井を離れて違う世界に飛び出したいと思うようになっていた。たとえば、世界中を回れる船乗りかパイロット。海、空を越えてどこまでもどこまでもゆける。

なんて素敵な職業だろうと思った。

しかし、ある日母から、

「知佳ちゃん、女は船乗りにもパイロットにもなるのは難しいよ。ふつう無理なんだよ」

と言われた。

「そうだったのか」と純粋にショックを受けた。思えば、私が「ふつう」を説かれることに違和感を持ち始めたのは、この頃だったのかもしれない。

ならば、女性でもできるキャビンアテンダントになろう。そう決心したのが小学2年のときだった。はじめてのグアム旅行を機に、将来の夢が決まった。

一度決めたら絶対後戻りしない頑固な性格である。

まずは英語力を磨くために、高校時代にオーストラリアに1年留学。大学は名古屋外国語大学の英米語学科に進学し、CAを目指して着々と自分の行く道を進めてきた。

まさかの「余命半年」の疑い

そんな矢先のことだった。

突然高熱が出て、そのまま私は意識を失っていた。意識を取り戻したあとも、リンパが腫れ、連日40度を超える高熱が続く。

体温計を使うと高熱のあまりエラーになり、それ以上計測不能になったことさえあった。

大きな病院をいくつも受診したものの、原因はわからないという。

しかし、ついにある病院で「悪性リンパ腫」の可能性があると告げられた。

検査のために手術を受けることになる。悪性リンパ腫である場合、余命は半年。

愕然とした。

しかし正確な診断の結果、ＥＢウイルス感染症および化学物質過敏症とわかった。

だが、自分の命があと半年しかないと言われたときの恐怖を私は生涯忘れることができない。

あとたった半年で、自分という存在がこの世からいなくなってしまう。

自分が死んだら、何も残らない。

みんなから忘れられて、「坪内知佳」という人間がいた痕跡さえ、消し去られてしまう。

その空しさと恐怖を体感したからこそ、私は未来に思いをつなぐ萩大島の漁師たちの挑戦に人生を懸けて飛び込めたのだろうと思う。

あの体験がなかったら、私は萩大島の漁師たちの試みに賛同することも、彼らとともに仕事をすることもなかったかもしれない。

その病のため、私は大学1年の9月から12月までの4カ月間、ほとんど寝たきりで過ごさざるをえなかった。

何とか2年生に進級はできたものの、その後も微熱がずっと下がらず、すぐに寝込んでしまうという日々が続いていた。

これでは体力勝負のCAになるのはとうてい無理だ。

(CAになれないのなら、大学に通う意味があるのだろうか)

さまざまな心配が頭をもたげ、将来を不安に思う毎日が続いていた。

もう「ふつう」の幸せを追うのはやめよう

未来に希望を失った私は、ひたすら現実から逃れたいと思うようになった。大学2年の冬休みを利用してカナダのバンクーバーに短期留学することにしたのも、現実逃避だったと思う。

友人がバンクーバーに留学していたということもあるが、とにかく日本を離れて海外に行けば何かが変わるかもしれないと思ったのだ。

でもバンクーバーに行っても、あいかわらず微熱は続き、寝込む日々が続く。病床にいる間、生きることをもう一度見つめ直したいと思った。だったら、このままカナダで留学生活を続けているわけにはいかない。そのとき頭に浮かんだのが、大学を中退しようということ。その後、萩に住むボーイフレンドとの結婚を決意した。

私の両親は「せめて大学を卒業してから」と結婚に反対したのだが、私はどうせＣＡにはなれないのだから、大学に残る意味はないと思い、退学届を出した。

(萩の地で子どもを産み、静かに人生を再スタートさせよう)

思えばこれまでの私は、学歴やキャリアという一般的な「ふつう」の豊かさに縛られていた。

でも現実は、いつ体調が悪くなるかもわからない。ＣＡにもなれない。「ふつう」を追い求めている限り、私は幸せになんかなれない。

いま思うと、当時の私は生き急いでいたのかもしれない。けれど、一度すべてをリセットして、女性として別な意味の豊かさを追求してもいいのかもしれない、そう思ったのだ。

目の前に現れたフェニックス

子どもはすぐに授かった。でも、幸せな結婚生活は長くは続かなかった。一緒に暮らしてみると、彼とは性格が合わず、息苦しく感じる毎日が続くようになった。

お互い若かったのだろう。

子どもが生まれたあとも、私たち夫婦はお互いに努力を重ねたものの、すれ違いの毎日だった。

（お互いのためにも、もうこんな暮らしはやめよう）

そう私が決断したのは、子どもが2歳半になったときである。

家を出た私は萩市のはずれにアパートを借りることにした。大家さんに、

「家賃を1年分前払いするから、保証人なしで、とりあえず今晩からこの部屋を貸してください」

と頼み込むと、大家さんは真夏に2歳半の子どもを自転車に乗せた私を気の毒に思ったのか、

「そんなこと言わんと、とりあえず、今晩はこの部屋で寝とき」

とすぐに部屋を貸してくれた。見ず知らずの人から優しくされて、涙がこぼれそうになった。

私は持っていた貯金で中古車を買った。これで行動範囲がぐっと広がる。萩の町で身の回りのものを買い集めて、借りたアパートに戻る途中、海沿いの道を走っていたときのことだった。

前方の海に、ぼうっとかすむ島影が見えた。まるで海の中にフライパンをひっくり返したような大きな島だった。それまで萩にそんな島があることさえ気がつかなかった。

一緒に買い物を手伝ってくれた友人が、

「あれは萩大島だよ」

と教えてくれた。

「ふーん、あれが萩大島なん?」

真夏の萩大島の上には、ちぎれた雲がぽっかり浮かんでいる。その雲がまるでフェニックスが羽を広げているように見えた。

そのとたん、なぜだかわからない熱い感情がこみ上げてきたのだ。

(私、ここで自由に生きていける。自由に生きていいんだ)

もう一度空を仰ぎ、キラキラ輝く大島を見つめる。

(この空と海さえあれば、ほかにはもう何にもいらない。この景色と子どもさえいてくれたら、生きてゆける)

そう思った。

もう、世の中の「ふつう」にとらわれるのは嫌だ。私は私。周りにどう思われても、子どもと萩で生きていこう。

あの日、萩大島の上に浮かんでいたフェニックスの雲の光景を私は一生忘れることができないだろう。あの雲はこれからの私の明るい未来と自由を暗示してくれているように見えた。

想像以上だったシングルマザーの生活の大変さ

こうして夫と離れた私だが、経済的にどうしても不安定になる。どんな仕事でもやらなければ、と大学時代に私をかわいがってくれた大学の教授たちに連絡を取った。

「テストの丸つけでも、翻訳でも何でもやりますから、とにかくパソコンで家でできる仕事をデータで飛ばしてください」

大学の先生たちは翻訳の仕事を回してくれた。

A4の紙1枚びっしり書いて、1枚6000円くらいにしかならない翻訳でも、喜んで引き受けた。でも頑張っても1日1枚か2枚がやっとだ。

仕方なく、冬からは夜に飲食店のアルバイトに週1、2回出るようにした。

子どもをアパートの隣の部屋のおばあちゃんに託して、店に行く。この時代、思い返せば、たくさんの人たちが助けてくれた。けれどそんな厚意に甘えてばかりではいられない。3、4時間だけ働く、という生活で当座は食いつないでいた。

そして昼間は近くの調剤薬局で事務のパートをしながら、少しずつ翻訳や企画、コンサルティングの仕事を広げようと思っていた。

長岡と出会ったのは、ちょうどその頃、私が自立しようと悪戦苦闘していた時期だった。

当時、幼い子どもを抱えての生活は想像以上に大変だった。

とくに「萩大島船団丸」の事業が本格化し始めてからは、毎日が綱渡りである。

萩には24時間子どもを預かってくれる保育園があるが、24時間以内に営業をして戻ってくるには、大阪まで行くのが限度だ。

先にも書いたように、私は大阪の北新地の飲食店を飛び込みでかたっぱしから回って、直接取引できる顧客を開拓した。

朝9時に子どもを保育園に預けたら、あとは時間との戦いである。新幹線で大阪まで飛んで行き、できるだけ多くの店を回って、新規の顧客を獲得する。

それでも客商売だから、先方の都合で時間通り萩に戻れないことも多々あった。

ところが数年後、株式会社ＧＨＩＢＬＩ設立と息子の成長の過程で悩み始めていた頃、後に強力な助っ人となる一人・藤井信子が、萩に転入してきた。彼女は、息子と同じ歳の息子がいる。保育園で同じクラス、彼女も24時間保育を利用し、いつも忙しそうにパートで働いていた。

そんな彼女を事業に誘い、昼は会社の専務的な存在として、夜は息子の２番目の母として公私ともに強力なパートナーになってもらったのだ（息子は、藤井を〝かぁさん〟と呼ぶほど懐いている）。いつ、どんな急な出張やトラブルに際しても、

「子どものことは大丈夫！　日本の未来のために、行ってきて！」

と、いつも嫌な顔一つせず笑顔で私を送り出してくれる。

彼女と私の実家の家族のサポートもあって、子どもが熱を出しても重要なアポイントは安心してこなすことができた。それに加えて、同じ境遇にあるシングルマザーたちを営業事務としてパート雇用することで、彼女らの生活基盤が整うまでの間、住み込みで働いてもらうなどの雇用対策につながっていった。

とはいえ、それでも綱渡りの日々であることに変わりはない。

先日も学校で子どもの遠足があった。年少からずっと、お弁当は必ず自分で作ると決めている。私は出張中の大阪からお弁当を作るためだけに、夜、新幹線の最終で山口に戻った。そして大急ぎでお弁当を作り、翌朝、始発で大阪にとんぼ返りをした。

あいかわらず、バタバタの毎日が続いている。

「あなたが私の代わりに日本の漁業を変えてくれますか」

あるとき、私が家に戻り息子を抱き上げると、ぽろぽろと大粒の涙をこぼし始めたことがあった。

いままでさびしくても本当に泣かない子だったのだが、知らないうちに、息子に我慢させてしまっていたのだ。

でも逆に私の前で泣けるようになったのは、私に弱いところを見せられるようになった証拠かもしれない。そこで息子にこんな提案をしてみたのである。

「学校休んで、ママの講演会についてくる?」

息子はびっくりした顔をして、

「学校、休んでいいの？」

と聞き返してくる。

「どうしても学校に行きたくなければ行かなくてもいい。でもそんなときは、ちゃんと働かなくちゃいけないよ。今回は特別に、ママがふだんどんな仕事をしているか、見ておこうか」

働く意味をきちんと教えたうえで、私は学校を休ませて講演会に息子を連れていった。場所は宮城だったので、ついでに親子でスキーをして思い切り楽しんで帰ってきた。働いている母親の姿を目の前で見て、子どもも安心できたようだった。

それからもときどき講演会に同行させているが、息子はもう涙をこぼすことはない。彼なりに将来の夢をしっかり語り、学ぶことの意味や挑戦してみたいことなど、はっきりとしたビジョンができていることに驚かされる。

もっともそんな私の子育てに対して、

「坪内さん、それは育児放棄じゃないですか。〝女性ならば〟すべきことがあるのではないのですか?」

と批判されることもある。

面白いことに、言ってくるのはほぼ全員男性だ。そんなとき、私は決まってこう答えている。

「それじゃ、男性であるあなたが私に代わって、6次化の事業をしていただけますか。そうすれば、私はここから退きますけど」

さらにかぶせるように言う。

「女性としてすべきことがあるなら、私は専業主婦になって子育てに専念します。だからあなたが立ち上がって、日本の水産をどうにかしてください。よろしくお願いします」

そう言ってマイクを置く。

漁師たちが家族になる

正直、息子が大きくなっていく様子を片時も離れずそばで見ていたい。

けれどいま私がやらなければ、萩の漁業、いやこの国の水産を誰が守ってくれるのか。

私がこの事業に関わったことで、子どもにしわ寄せが行ったのは間違いない。だがその一方で、たくさんの漁師たちが、私の息子を自分の子のようにかわいがってくれるようになったのも事実だ。

プロレスごっこをしたり、たらふく漁師メシを食べさせてくれたり……。そんな〝大家族〟の中で息子は育っている。

漁師たちのご馳走に囲まれて、いつしか彼は「魚がいちばん好き！」と言ってくれるようになった。年末には忘年会で、息子は「大きくなったら漁師になる！」と毎年のように漁師たちに強引に〝言わされて〟いる。

実際は、彼がこれからどんな道を歩いて行くかはわからない。私が海の向こうを目指したように、想像もつかない方向へ自分の力で進んでいくように思う。

私はと言えば、これからも日本の漁業のために働くしかない。その先に何が待っているかわからない。でもせいいっぱい生きてさえいれば、そしてこの萩の風景を忘れさえしなければ、私も息子も、どんなことも笑顔で受け止められる人間でいられるような気がするのだ。

0・001ミリのつめあとを未来へ

「萩大島船団丸」が立ち上がってから、泣いたり、笑ったり、とっくみ合ったり、いろいろなことがありすぎた日々だった。でも私たちにはふり返っている暇などない。未来に向けてやりたいことが山ほどある。

2017年、船団丸は改めて正式に経営理念を作った。

「50年後の島の元気な存続と、美しい日本食文化を未来に継承します」

自然の海で育った一級天然魚にどこまでもこだわりたいのだ。もちろん漁師たちが海を捨てて、養殖場や加工工場でタイムカードに管理されるような労働者になるのも望まない。

海にはロマンがある。命の輝きがある。自然とともに生き、笑い、育んできた萩大島の人たちの幸せな食文化や伝統を絶やすことはできない。

これこそが、日本が継承してきた文化であり、世界に誇れる宝なのだ。

欧米流の画一化されたシステムや合理主義は私たちには必要ないと思っている。なぜならそうなっても漁師たちは決して幸せにはならないからだ。

長岡はよく「昔はよかった」と言ってぼろぼろ涙をこぼす。豊かな海とともに生き、あふれる自然資源とともに幸せに暮らした「昔」がどんどん失われていくのを彼は目の当たりにしているのだ。同時に、

「俺たちには、島のプライド、漁師のプライドがある！」

とも言う。

誇れる一級鮮魚を自然と共存して大切に活かしていく。消費地の料理人と協力して、日本の限りある資源を大切にしながら、プライドを持って、日本一の魚をみなのもとに届けていく。

日本には日本の良さがあり、日本の幸せがある。萩大島に代表される地方の、古き良き日本の文化こそ、私たちが守らなければいけない心のふるさとだと思う。

そんなビジネスから、私はこの幸せをもう一度、各地の浜に再生させたいのだ。

これこそが政府がいう地方創生の本当の姿なのではないだろうか。

人は、何のために働くのだろう

もう一つ、私をこの挑戦に駆り立てた強烈な思いがある。それは小学校低学年のとき経験したある衝撃的な出来事だった。

あるとき、私の知り合いのおじさんが首をつって自殺をした。原因は仕事上の小さなミスだった。そのせいでクビになるかもしれない、とおじさんは悩んでいたという。

たったそれだけのことで、人は死を選ぶほど苦しまなければいけないのか。

そんな思いをするために人は働いているのか。

子ども心にいいようのない憤りを感じたのを覚えている。

こんな出来事もあってか私は、「人は、生きるために働くのか、働くために生きるのか」つねに小さな頃から考え続けてきたように思う。

人が生きるのはお金や会社のためではない。自分が「これだ！」と思う生きる目的を見つけるため、そしてその目的をかなえるために生きていると私は思うのだ。

偶然、萩の町に来て、萩大島の漁師たちと出会ったとき、私はこの人たちとなら、そんな生きる目的が見つけられるかもしれないと直感した。

自然とともに生き、自然の恵みを大切にしながら生きる。そんな仕事は人間が生きる原点だと思ったのだ。

人の食と健康のためには、1次産品を扱う生産者が大切にされなければいけない。第1次産業の生産者が元気になれば、日本の元気につながるし、日本が元気になれば、子どもたちの未来も明るいものになる。

私にも子どもたちや日本の未来を変える仕事ができるかもしれない。そう思ったとき、私は萩大島の漁師たちと生きる道を、確信をもって進む決意ができたのである。

私はよく漁師たちにこう言う。

「萩大島に船団丸のでっかい本社ビルを建てようね。東京でもなく、大阪でもなく、この萩大島に建てることに意味があるんよ」

長岡たちは笑うが、私は本気だ。私はみんなに「この会社で働きたい」「ここにいたい」と思ってもらえるような幸せな会社を萩大島に作りたいのだ。

自分の仕事に誇りを持ち、仕事をライフワークとして頑張れるような会社。一人の自殺者も出さず、一人もうつ病にならず、絶対に誰も裏切らない。

誰かが居場所に迷ったとき、本当にここが自分の居場所だと思えるような、安心できる会社を作りたい。

そんな会社が一つでもあれば、絶対に萩や萩大島が消滅可能性都市になることはない。みんなの心のよりどころとなるような会社の経営者になることが私の望みだ。そんな私の願いと、漁師たちの「島の未来を守りたい」という願いが一致して、歯車がかみ合ったからこそ、どんな逆境にもめげることなく、船団丸がここまでやって来られたのだと思うのだ。

ペイ・フォワード

「恩を返す」という言葉がある。でも本当の意味は逆だと私は思っている。

「返す」ではなく「送る」だ。ペイ・フォワード。

受けた恩を、未来に向かって送っていく。

営業を始めた当初、コネもツテもない私に、何の見返りもなく大切な知り合いを紹介してくれた経営者から教えてもらった精神だ。単身で子どもを連れた私を助けてくれたたくさんの人たちにも、その心を教えられた。

私たちがご先祖さまからもらった日本の豊かな自然の恩恵は、ご先祖さまに返すのではなく、未来の子どもたちに、未来の日本に送っていかなければいけないのだ。

私たちが「萩大島船団丸」の事業を始めたとき、わずかな数の漁師と女一人では世の中の水産業の流れを変えられるわけはなかった。だがみんなが手を取り合って、手をつないだことで、０・００１ミリでも何かが動きつつある。

一人一人が誰かと手をつなげば、つないだ人がまた誰かと手をつないで、倍々ゲームで人のつながりが増えていく。その手を離さないでつないでいけば、いったいどれくらいのつながりができるだろう。

つないだ手は地球を一周するかもしれない。

世の中はそうやって０・００１ミリずつ変わっていくのではないだろうか。

でも自分が手を離してしまったら？

延々とつながってきたものがそこで途切れてしまう。自分の手でつなげる人はたった2人しかいない。でもその先に無数の人たちの手がつながっている。だから絶対自分のところで途切れさせてはいけないのだ。

現代の人と人とのつながりの弱さが、日本の衰弱を招いているようにも思える。「私一人ぐらい、やらなくてもいいだろう」と知らんふりを決め込むことが、その先に延々と続くだろう人のつながりと未来の可能性を閉ざしていることになるのだと、気づかなければならない。

みんなが手をつなげば、必ずすごいことが起こる

どんな偉業も最初は一人のひと言一歩から。

私がたびたびみんなに伝えるこの言葉も、吉田松陰の言葉だ。

私たちが生きてできることなどほんのわずかである。何十億年も続いている地球の時間軸の上で、私たちがどんなに頑張ってもたった80年間ぐらいしか生きられない。そんなものは何十億年の地球の歴史に比べたら、笑ってしまうくらいちっぽけな存在だ。

それでも未来に恩を送る何かの行動をすることで、ほんのわずか、０・００１ミリでも何かを残してつないでいく。人一人が80年生きた証として、せいいっぱいの何かを残すことを、みんなが少しずつやって生きていけたら、０・００１ミリがつながった未来はどれだけ強くて頑丈で素晴らしいものになっていくだろうか。

私たちがここ萩大島で始めたことを、日本全国の浜へ、そして世界中の漁師たちへ。

自分の手を離しさえしなければ、この手はいつかは必ず世界へ、未来へつながっていくことを信じている。

あとがき

ものごころがつくかつかないかの3、4歳頃のことだった。

おそらく父か母につれられて、福井の海に行ったときではないかと思う。

海の上に白い鳥がひらひらと気持ちよさそうに飛んでいた。

「あれ、なんていう鳥?」

「かもめだよ」

「ふーん」

幼い私の目は、大海原を自由に飛ぶ白いかもめの姿に釘付けになっていた。

なんて自由なんだろう。なんて美しいんだろう。

私にはその鳥がうらやましくてたまらなかった。私にも翼があったら、海を越えて水平線の向こうまで飛んでいけるのに。あの向こうには何が待っているんだろう。どんな世界が広がっているんだろう。

生まれ変わったらかもめになりたい!

その日から、私の夢はかもめになることだった。もちろんそんな夢がかなうはずがないことは、じきにわかるのだが、その憧れがのちに船乗り（航海士）、パイロットやCAという空につながる夢に変わっていった。

いま、私は萩大島でかもめたちと身近に暮らしている。船の上で魚をさばくと、すぐ近くまでかもめたちがやってくる。彼らは船の形や私の車まで覚えていて、えさをねだりにくるくらい賢い鳥たちだ。

優雅に見える彼らだが、実際の生活は過酷そのものである。厳しい生存競争を勝ち抜けず、多くのかもめが傷つき、捕食され、飢えて死ぬ。それでも空を飛んでいるときの彼らの姿は気高く、誇り高い。

私はいまでもつい彼らに見とれている自分に気がつくことがある。あんなふうに風を切って、自由に空を飛べたらどんなに気持ちいいだろうなあ、と。

私にはかもめのように自由に空を飛ぶことはできない。

でもかもめになりたくて、大空に飛び上がろうと努力してきたのは事実である。親が敷いてくれた安全な線路をはずれ、結婚という制度からもはみ出し、漁師たちに交じって、古い体制と戦いながら、新しい事業を起こそうともがいてきた。

自分を規制するものから脱して、自由に羽ばたきたいという思いは、たくさんの代償をともなった。過酷な自然の中で生き、傷つき、それでも自由に飛び続けるかもめのように、私も必死で生きてきたと思う。

鳥はたくさんいたのに、鳩でも孔雀《くじゃく》でも鷲《わし》でもなく、なぜかもめだったんだろう、と私は考えたことがある。

そして気づいた。そこには海があったのだ。

幼い頃、私はくり返し「海は広いな、大きいな」と歌を歌っていた。なぜこの歌が好きだったのかというと、海の向こうには私が知らない世界が待っていたからだと思う。

知らない世界、まだ見たことがない世界。かもめになれば水平線の向こうの新しい世界に行けるかもしれない。

そんな思いが私を海とかもめにひきつけるのだ。

これから先、「萩大島船団丸」にはどんな試練が待ち受けているかわからない。だが私は挑戦し続けるだろう。なぜなら、その先に、まだ誰も見たことがない可能性が広がっていると信じているからだ。

日本の漁業はこれから世界の市場を相手に戦う時代に入るだろう。うまくいけば、萩大島の魚が海を越えて、世界の国々に供給されることになるかもしれない。反対に淘汰《とうた》されて潰される可能性だってある。

どうなるにせよ、私たちはこの取り組みをやめるわけにはいかないのだ。退くことは敗北を意味する。

前へ前へ。

どんな過酷な環境下でも、世界をステージに吹きすさぶGhibli（熱い風）のような集団たれ。

かもめのように飛び続けることで、未来の水平線が切り開かれていくのだと私は信じている。

坪内知佳（つぼうち・ちか）
1986年福井県生まれ。萩大島船団丸代表（株式会社GHIBLI 代表取締役）。大学中退後、翻訳事務所を立ち上げ、企業を対象にした翻訳とコンサルティング業務に従事。結婚を機に山口県萩市に移住し、2011年に3船団からなる合同会社「萩大島船団丸」の代表に就任。魚の販売先を開拓する営業、商品管理と配送業務をまとめあげ、萩大島から６次産業化事業を牽引している。2014年に株式会社GHIBLIとして法人化。同年ウーマン・オブ・ザ・イヤー キャリアクリエイト部門を受賞。萩大島のビジネスモデルを全国に水平展開することを目指して奮闘中。1児の母。

荒《あら》くれ漁《りょう》師《し》をたばねる力《ちから》

ド素人だった24歳の専業主婦が業界に革命を起こした話

2017年９月30日 第1刷発行
2018年９月10日 第5刷発行

著者……………………坪内知佳
発行者…………………須田　剛
発行所…………………朝日新聞出版
〒104-8011 東京都中央区築地5-3-2
電話 03-5541-8832（編集） 03-5540-7793（販売）
印刷製本………………共同印刷株式会社

Published in Japan by Asahi Shimbun Publications Inc.
ISBN978-4-02-251473-8